战略性新兴产业科普丛书（第二辑）

区块链

刘湘生　于苏丰　主　编

江苏省科学技术协会
江苏省互联网协会
南京市区块链产业应用协会
江苏可信区块链专委会
组织编写

南京大学出版社

图书在版编目（CIP）数据

区块链 / 刘湘生，于苏丰主编．-- 南京：南京大学出版社，2021.4

（战略性新兴产业科普丛书．第二辑）

ISBN 978-7-305-24339-4

Ⅰ．①区… Ⅱ．①刘… ②于… Ⅲ．①区块链技术－普及读物 Ⅳ．① TP311.135.9-49

中国版本图书馆 CIP 数据核字（2021）第 057447 号

出版发行　南京大学出版社

社　　址　南京市汉口路 22 号　　　邮　编　210093

出 版 人　金鑫荣

丛 书 名　战略性新兴产业科普丛书（第二辑）

书　　名　区块链

主　　编　刘湘生　于苏丰

责任编辑　苗庆松　　　　编辑热线　025-83592655

照　　排　南京新华丰制版有限公司

印　　刷　南京凯德印刷有限公司

开　　本　718 × 1000　1/16　印张 10　字数 160 千

版　　次　2021 年 4 月第 1 版　2021 年 4 月第 1 次印刷

ISBN　978-7-305-24339-4

定　　价　49.80 元

网址：http：//www.njupco.com

官方微博：http：//weibo.com/njupco

微信服务号：njuyuexue

销售咨询热线：（025）83594756

《战略性新兴产业科普丛书（第二辑）》编审委员会

本书编委会

指导委员会

主　　任　许继金

副 主 任　王　鹏　耿力扬　朱新煜

委　　员　刘湘生　于苏丰　张东风　王　鹰　戴　源　王　锋　戚　湧　李宜武　丁晓蔚　颜嘉麒　宋沫飞　曹林明　王梦原　景莉桦

编写委员会

顾　　问　袁瑞青

主　　编　刘湘生　于苏丰

副 主 编　张东风　王　锋　曹林明　戚　湧

编写人员　吴子怡　李子源　于朝阳　艾黎清　胡　祺　朱娓翔　周　俊　葛九丽　李正豪　尹　珺　包　杰　田杨金　李劭楠　秦　银　王　锐　李玉珂　杨晶晶　林思雅　秦　伟　楚晓岩　高吟雪

当今世界正经历百年未有之大变局，新一轮科技革命和产业变革深入发展，我国发展环境面临深刻复杂变化。刚刚颁布的我国《国民经济和社会发展第十四个五年规划和2035年远景目标纲要》将“坚持创新驱动发展 全面塑造发展新优势”摆在各项规划任务篇目的首位，强调指出：坚持创新在我国现代化建设全局中的核心地位，把科技自立自强作为国家发展的战略支撑，并对“发展壮大战略性新兴产业”进行专章部署。

战略性新兴产业是引领国家未来发展的重要力量，是主要经济体国际竞争的焦点。习近平总书记在参加全国政协经济界委员联组讨论时强调，要加快推进数字经济、智能制造、生命健康、新材料等战略性新兴产业，形成更多新的增长点、增长极。江苏在“十四五”规划纲要中明确提出“大力发展战略性新兴产业”“到2025年，战略性新兴产业产值占规上工业比重超过42%”。

为此，江苏省科协牵头组织相关省级学会（协会）及有关专家学者，围绕战略性新兴产业发展规划和现阶段发展情况，在2019年编撰的《战略性新兴产业科普丛书》基础上，继续编撰了《智能制造》《高端纺织》《区块链》3本产业科普图书，全方位阐述产业最新发展动态，助力提高全民科学素养，以期推动建立起宏大的高素质创新大军，促进科技成果快速转化。

丛书集科学性、知识性、趣味性于一体，力求以原创的内容、新颖的视角、活泼的形式，与广大读者分享战略性新兴产业科技知识，探讨战略性新兴产业创新成果和发展前景，为助力我省公民科学素质提升和服务创新驱动发展发挥科普的基础先导作用。

“知之愈明，则行之愈笃。”科技是国家强盛之基，创新是民族进步之魂，希望这套丛书能加深广大公众对战略性新兴产业及相关科技知识的了解，传播科学思想，倡导科学方法，培育浓厚的科学文化氛围，推动战略性新兴产业持续健康发展。更希望这套丛书能启迪广大科技工作者贯彻落实新发展理念，在“争当表率、争做示范、走在前列”的重大使命中找准舞台、找到平台，以科技赋能产业为己任、以开展科学普及为己任、以服务党委政府科学决策为己任，大力弘扬科学家精神，在科技自立自强的征途上大显身手、建功立业，在科技报国、科技强国的实践中书写精彩人生。

中国科学院院士、江苏省科学技术协会主席 陈骏

2021 年 3 月 16 日

序 一

在新的数字革命中，区块链技术占有重要地位，中国应将区块链核心技术自主创新作为突破口，加快区块链创新发展，这具有重要战略意义。

最近五年的变化超过了过去几十年的变化，未来五年的变化还可能会超过现在的十倍甚至几十倍，特别是区块链等新技术的爆发性增长对经济和社会的影响将超过历史上任何时期。新科技革命的核心就是数字革命，区块链将是数字革命的核心，数字力已成为企业在生产能力、市场能力、研发能力之外的第四个能力。数字化赋能生产力、市场力、研发力，带来倍增效应。如果列个公式，应该是：企业新创造的价值=（生产力+市场力+研发力）×数字力。数字力也将是未来领导力的重要体现，我们发展区块链等新技术需要有些前瞻性，需要更多关注未来的价值，着眼于潜在的价值，而不只是现有的价值。

怎样提高数字力？一是建立数字大脑。第一资源是数据。招商引资要变成招商引数。要通过区块链等新技术对产生数据进行确权，开发和运用。二是变人驱动业务为数据驱动业务，即一切业务数字化，一切数据业务化。三是将数字和专业融合，产生智能解决方案，从而提升价值，数字力产生数字红利。传统企业的不连接、不匹配、不协调、不及时浪费了很多价值，如企业内部全是信息孤岛，外部和客户、供应商也不连接。区块链顾名思义，“区块”是数据库，“链”是将数据库按时间进行连接，两者结合为“区块链”。区块链打破信息孤岛，解决数据确权与安全。

联盟链是区块链应用的主导方向，大企业有能力建联盟链，小企业应联合建联盟链。区块链技术主要包含三大模板：一是数据，通过算法加密，解决机器信任；二是数权，通过共识机制，解决数权公平；

三是数产，通过智能合约，解决数产价值。区块链主要应用在大型协作网络，特别是分布式智能网络领域，比较成熟的应用场景，主要是产品溯源、供应链金融、权证存真、数据安全和数字资产确权增值等方面，具体如金融、医疗、制造、农业食品、扶贫慈善等。随着数字技术特别是区块链应用的不断发展，关键要提高“数商”，明确认知数据是第一新资源，数字资产是未来新财富。

政府对于区块链技术的重视程度在不断增加，国内科技巨头对于区块链技术的研究也在不断深入，数字化建设俨然成为科技上的大趋势，区块链技术也贴合了中国转型升级、数字中国建设的需求。区块链技术将搭建完全可信任的互联网，使得“信息互联网”逐步迈向“价值互联网”，实现真正意义上的万物互联，构建和谐“秩序互联网”。要实现并不是一个简单的过程，需要大量精英人士的积极参与，同样需要普通民众的正确认知。这次组织编写的《区块链》，用通俗易懂的文字描述什么是区块链、区块链技术演进、区块链技术与其他新型技术的关系、区块链的应用场景、区块链的管控等内容，是一份有益的科普学习材料。

钱志新

2020 年 12 月

序二

数字经济是互联网、移动互联网、云计算、大数据、人工智能、区块链等新技术发展深入全社会各领域的结果。随着区块链技术的不断发展，区块链技术在数字经济中发挥的作用将越来越重要，不断取得新突破，产生新成果。

区块链技术建立了在不可信的竞争环境里，用技术语言低成本建立信任机制、用共识机制通证化达成密钥账本、用跨链技术联盟链推动场景应用的技术模型。

区块链技术和产业的发展需要更多的场景应用。当前，真正落地的应用案例还不多，技术层的标准协议尚未统一，跨链技术还在探索中，计算效率、安全监管机制，共识信任机制的建立需要技术和方案的创新。区块链技术是多项技术的应用整合，也就成了一个复杂的系统工程，区块链技术的比较优势尚未突显，应用难题仍然存在，如：共识算法保证数据的一致性问题，系统漏洞及隐私的安全性问题，链上链下数据完全保证账实相符问题等都需要加强创新和研究。要让全社会建立对区块链技术和应用的信心，仍需有更多的突破。

区块链技术发展需要社会各方的共同参与和支持，资本是区块链产业的加速器和原动力，场景是区块链产业的基础和依靠。区块链技术和产业未来可谓方兴未艾，区块链技术和实体经济、社会民生、消费应用的深度融合将会构建可信的信任体系，让信任成为社会最基本的约定。编写组着力收集、整理、完善本书的基本内容，希望以浅显易懂的文字阐述区块链技术及其基本要素。

让共识普及，让信任传递。

袁瑞青

2020 年 12 月

目录

第一章　什么是区块链　1

第一节　区块链的定义与分类　1

第二节　区块链的技术特征　5

第三节　区块链新职业介绍　6

第四节　趣味解读区块链　7

第五节　区块链常用术语　11

第二章　区块链技术演进　20

第一节　区块链 1.0　20

第二节　区块链 2.0　27

第三节　区块链 3.0　29

第三章　区块链的应用　32

第一节　区块链的优势与局限　32

第二节　区块链的适用模式　36

第三节　区块链的主要应用场景　37

第四节　区块链的价值与意义　66

第四章　区块链的技术融合之路　68

第一节　区块链与物联网　68

第二节　区块链与大数据　74

第三节　区块链与人工智能　81
第四节　区块链与云计算　90
第五节　区块链与边缘计算　95
第六节　区块链与 5G　104

第五章　区块链的管控　112
第一节　区块链治理需求　113
第二节　政策引导　115
第三节　技术支撑　121
第四节　标准化助力　123

第六章　区块链的未来　126
第一节　性能提升，技术演进　127
第二节　技术融合，取长补短　129
第三节　跨链协同，互联互通　131
第四节　重塑场景，引导变革　131
第五节　普及信任，价值流通　132

附录　术语汇编　133

致　谢　143

参考文献　145

区块链技术是当今世界备受关注的技术之一，我国更是将区块链技术视作中国核心技术自主创新的突破口，那究竟什么是区块链？区块链又能做到什么？通过几个趣味性的小故事可以帮助读者对区块链的技术特征、优势与局限有全面的了解。

第一节 区块链的定义与分类

区块链的定义目前尚未形成一个标准统一的版本，但人们普遍认为区块链是一种新型的分布式数据库，也是一个集合了多种技术的网络架构体系。

公认的最早关于区块链的描述性文献是中本聪所撰写的《比特币：一种点对点的电子现金系统》，但该文重点在于讨论比特币系统，并没有明确提出区块链的术语。在其中，区块和链被描述为用于记录比特币交易账目历史的数据结构。

区块链在百度百科中的定义是："区块链是分布式数据存储、点对点传输、共识机制、加密算法等计算机技术的新型应用模式"。作为比特币等应用的底层支撑技术，区块链本质上是一个去中心化的数据库，是一串使用密码学方法相关联产生的数据块，每一个数据块可以根据实际需要装载相关的数据。以比特币为例，其区块中包含了比特币网络交易的信息，用于验证其信息的有效性（防伪）和生成下一个区块。

在 Wikipedia 上给出的定义中，将区块链类比为一种分布式数据库技术，通过维护数据块的链式结构，可以维持持续增长的、不可篡改的数据记录。

在我国工业和信息化部（以下简称“工信部”）指导发布的《中国区块链技术和应用发展白皮书（2016）》中有：“广义来讲，区块链技术是利用块链式数据结构来验证与存储数据、利用分布式节点共识算法来生成和更新数据、利用密码学的方式保证数据传输和访问的安全、利用由自动化脚本代码组成的智能合约来编程和操作数据的一种全新的分布式基础架构与计算范式”。

从技术层面上还可以这么定义：“区块链是一种只支持增加、查询的去中心化分布式数据库系统。与传统的中心化数据库不同，区块链系统由多个分布式去中心化节点构成，每个节点既充当客户端也充当服务器端，节点与节点之间可以自由连接，用户之间可实现信息的传输和服务，无需中心环节和服务器的介入”。

上述的几种定义都偏向于技术层面，有不少人认为，区块链不仅是一种技术架构和计算范式，更是一种理念，而这种理念很快将作用于人们生活和工作的方方面面[1]。

一般地，按照数据的开放程度与范围，区块链的类型分为公有链、私有链和联盟链。

1. 公有链（Public Blockchain）

公有链，就是完全对外开放，任何人都可以任意使用，没有权限的设定，也没有身份认证之类，不但可以任意参与使用，而且发生的所有数据都可以任意查看，完全公开透明。

比特币就是一个公有链网络系统，大家在使用比特币系统的时候，只需要下载相应的软件客户端，创建钱包地址、转账交易、挖矿等操作，这些功能都可以自由使用。

公有链系统由于完全没有第三方管理，因此依靠的就是一组事先约定的规则，这个规则要确保每个参与者在不信任的网络环境中能够发起可靠的交易事务。

这里要注意的是在公有链的环境中，节点数量是不固定的，节点的在线与否也是无法控制的，甚至节点是不是一个恶意节点也不能保证。

2. 私有链（Private Blockchain）

私有链是与公有链相对的一个概念，私有链是指不对外开放，仅仅在组织内部使用的系统，比如企业的票据管理、账务审计、供应链管理等，或者一些政务管理系统。私有链在使用过程中，通常是有注册要求的，即需要提交身份认证，而且具备一套权限管理体系。也许有人会问，比特币、以太坊等系统虽然都是公有链系统，但如果将这些系统搭建在一个不与外网连接的局域网中，这个不就成了私有链了吗？从网络传播范围来看，可以算，因为只要这个网络一直与外网隔离着，就只能是内部人员在使用，只不过由于使用的系统本身并没有任何的身份认证以及权限设置，因此从技术角度来说，这种情况只能算是使用公有链系统的客户端搭建的私有测试网络，比如以太坊就可以用来搭建私有链环境，通常这种情况可以用来测试公有链系统，当然也可以适用于企业应用。

3. 联盟链（Consortium Blockchain）

联盟链的网络范围介于公有链和私有链之间，通常是使用在多个成员角色的环境中，比如银行之间的支付结算、企业之间的物流等，这些场景下往往都是由不同权限的成员参与的。与私有链一样，联盟链系统一般也是具有身份认证和权限设置的，而且节点的数量往往也是确定的，对于企业或者机构之间的事务处理很合适。联盟链并不一定要完全管控，比如政务系统，有些数据可以对外公开的，就可以部分开放出来。联盟链通常也采用更加节能环保的共识机制，例如 PoS（Proof of Stake，权益证明）、DPoS（Delegate Proof of Stake，委托权益证明）、PBFT（Practical Byzantine Fault Tolerance，实用拜占庭容错算法）等。

联盟链是目前区块链落地实践的热点，也是大家期望最大的区块链应用形态。联盟链的诞生源于对区块链技术的“反思”，是对比特币、以太坊所体现的技术特点与企业客户实际需要的融合与折中。

当前区块链技术应用的重点是发展联盟链，联盟链平台要全力构建区块链基础架构和应用系统，组织资源与能力全方位提供服务，主要是整体解决方案、平台连接、工具使用、通证供应、运营维护等方面，集中解决数据信任、数权公平和数产价值的实现，为联盟企业全力赋能，在平台上共生多赢。

4. 区块链三种不同形式的对比分析

	公有链	联盟链	私有链
参与者	任何人自由进出	联盟成员	个体或公司内部
共识机制	Pow/PoS/DPoS	公布式一致算法	公布式一致性算法
记账人	所有参与者	联盟成员协商确定	自定义
激励机制	需要	可选	不需要
中心化城府	去中心化	多中心化	（多）中心化
突出特点	信用的自建立	效率和成本优化	透明和可追溯
承载能力	3-20 笔 / 秒	1000-1 万笔 / 秒	1000-10 万笔 / 秒
典型场景	虚拟货币	支付、结算	审计、发行

图 1-1　区块链三种不同形式的对比分析表

公有链存在以下几个方面的不足：

（1）隐私问题。目前公有链上传输和存储的数据都是公开可见的，仅通过“地址匿名”的方式对交易双方进行一定隐私保护，相关参与方完全可以通过对交易记录进行分析从而获取某些信息。这对于某些涉及大量商业机密和利益的业务场景来说也是不可接受的。另外在现实世界的业务中，很多业务（比如银行交易）都有实名制的要求，因此在实名制的情况下，当前公有链系统的隐私保护确实令人担忧。

（2）最终确定性（Finality）问题。交易的最终确定性指特定的某笔交易是否会最终被记录进区块中。工作量证明等公有链共识算法无法提供实时确定性，即使看到交易写入区块也可能后续再被回滚，只能保证一定概率的收敛。如在比特币中，一笔交易在经过 1 小时后可达到的最终确定性为 99.9999%，这对现有工商业应用和法律环境来说，可用性有较大风险。

（3）激励问题。为促使参与节点提供资源，自发维护网络，公有链一般会设计激励机制，以保证系统健康地运行。但在现有大多数激励机制下，需要发行类似于比特币的代币，不一定符合各个国家的监管政策。[2]

在目前的政策环境和技术条件下，联盟链相比公有链有如下优势：

（1）联盟链效率较公有链有很大提升。联盟链参与方之间互相知道彼此在现实世界的身份，支持完整的成员服务管理机制，成员服务模块提供成员管理的框架，定义了参与者身份及验证管理规则；在一定的时间内参与方个数确定且节点数量远远小于公有链，对于要共同实现的业务在线下已经达成一致理解，因此联盟链共识算法较公有链的共识算法约束更少，共识算法运行效率更高，从而可以实现毫秒级确认，吞吐率有极大提升（几百到几万 TPS）。

（2）更好的安全隐私保护。数据仅在联盟成员内开放，非联盟成员无法访问联盟链内的数据；即使在同一个联盟内，不同的业务之间的数据也进行一定的隔离；通过零知识证明，对交易参与方身份进行保护等。

（3）不需要代币激励。联盟链中的参与方为了共同的业务收益而共同配合，因此有各自贡献算力、存储、网络的动力，一般不需要通过额外的代币进行激励。

第二节　区块链的技术特征

目前大家熟知的以公有链为代表的区块链，具备如下鲜明的技术特征：

（1）分布式、去中心化

去中心化的好处就是不需要有一个类似银行的第三方机构来为双方交易提供信任和担保。由于使用分布式核算和存储，不存在中心化的硬件或管理机构，任意节点的权利和义务都是均等的，系统中的数据块由整个系统中具有维护功能的节点来共同维护。

（2）高安全性

因为区块链的分布式和去中心化，个别的篡改或撤销行为无法得到整个网络的认可，使得数据无法被篡改，安全性得到保证。

（3）高透明性

系统是开放的，除了交易各方的私有信息被加密外，区块链的数据对所有人公开，任何人都可以通过公开的接口查询区块链数据和开发相关应用，因此整个系统的信息高度透明。

（4）高自治性

区块链采用基于协商一致的规范和协议，使得整个系统中的所有节点能够在去信任的环境中自由安全地交换数据，使得对“人”的信任改为了对机器的信任，人为的干预不再起作用。

（5）高匿名性

由于节点之间的交换遵循固定的算法，其数据交互无需信任（区块链中的程序规则会自行判断活动是否有效），因此交易参与方无需通过公开身份的方式来让对方对自己产生信任。

第三节 区块链新职业介绍

区块链作为一门新兴的互联网技术，除了依赖软件编程、计算机科学、项目管理等通用软件工程知识之外，还涉及加密算法、点对点传输、分布式系统、共识机制等技术。但作为初学者或一般的区块链工程或应用人员而言，并不需要完全掌握所有相关背景知识才能开始入门区块链。

2020 年 7 月 6 日，国家人社部联合国家市场监管总局、国家统计局发布了 9 个新职业，其中包括区块链工程技术人员、区块链应用操作员。

区块链工程技术人员，是指从事区块链架构设计、底层技术、系统应用、系统测试、系统部署、运行维护的工程技术人员。主要工作任务为：1. 分析研究分布式账本、隐私保护机制、密码学算法、共识机制、智能合约等技术；2. 设计区块链平台架构，编写区块链技术报告；3. 设计开发区块链系统应用底层技术方案；4. 设计开发区块链性能评测指标及工具；5. 处理区块链系统应用过程中的部署、调试、运行管理等问题；6. 提供区块链技术咨询及服务。

区块链应用操作员，是指运用区块链技术及工具，从事政务、金融、医疗、教育、养老等场景系统应用操作的人员。主要工作任务为：1. 分析研究在区块链应用场景下的用户需求；2. 设计系统应用的方案、流程、模型等；3. 运用相关应用开发框架协助完成系统开发；4. 测试系统的功能、安全、稳定性等；5. 操作区块链服务平台上的系统应用；6. 从事系统应用的监控、运维工作；7. 收集、汇总系统应用操作中的问题。

第四节 趣味解读区块链

在此引入几个故事来帮助理解何为区块链。

1. 家庭账本

不妨假设小明家里有一个账本，小明负责记账——小明的爸爸妈妈把工资交给小明，再让他记录到账本上。但在记账的过程中可能出现各种各样的情况，比如小明想要瞒着父母拿钱去买些零食，或是小明的爸爸想要偷偷拿些钱去买烟，小明的妈妈想要偷偷拿些钱买衣服。于是，在这时候，他们只需要修改账本上记好的信息就可以达成自己的目的，但账本的真实性也就无法保证了。

但有了分布式的账本后，这些问题就不会再出现了，因为小明在记账，小明爸爸也在记账，小明妈妈也在记账，在大家都能看到总账的情况下，就不可能存在一个人单独修改账本，而其他人却不知道的情况了，账本的真实性也就得到了保证。

区块链本质上就是一个去中心化的分布式账本，它依靠着一系列使用密码学而互相关联的数据区块，每一个数据块中包含了多条经过整个区块链中有效确认的信息。

2. 去中介化交易模式

在传统的第三方支付模式下，张先生希望通过第三方支付软件给王女士支付一定数额的金钱，需经过以下流程：

（1）第三方支付软件确认张先生的账户存在足够的余额，可支付该笔交易；

（2）第三方支付软件确认王女士的账户存在；

（3）在张先生账户扣掉相应金钱，在王女士账户增加等额金钱；

（4）如果以上流程都可以实现，交易完成。

可以看出，整个交易都围绕第三方支付软件展开，通过一个中心化的第三方做背书，来完成转账。但如果第三方支付软件的服务器出现毁灭性故障，或是第三方支付软件“耍赖”，表示不存在该笔交易，甚至被人篡改数据，将导致交易混乱，交易行为无法得到证明，这就是中心化的弊端。同时，这些交易产生的所有数据都将被第三方支付软件服务提供商收集，即便这些本应该属于个人的数据存在大量的隐私信息与商业价值。

区块链用算法证明机制维护一个公共账本，以解决信任危机。在区块链系统中，每个节点都必须在遵循相同的规则的前提下，维护整个区块链网络，这种规则是基于密码算法而不是信用，节点提交数据至系统需要网络内大部分节点的批准，因此，基于这种规则的系统不需要第三方中介机构或金融机构认可。为了帮助读者充分理解去中心化的区块链如何运行，我们再来看一个例子。

在一个小区中，张先生统一维护着一份关于小区所有交易的账本。一天，张先生借给王女士一万元，并向全小区广播通知。其他居民得到通知并确认了这笔交易，将该笔交易记录在自己的账本中，形成统一的公认化账本，即公共账本。几天后，王女士突然要赖，宣布自己没有向张先生借过钱。此时，其他居民通过查询自己的账本，确认了王女士确实向张先生借过一万元，且后续没有还款记录，故可证明王女士在撒谎。

从上面的例子中可发现，小区已建立了一个去中介化交易模式，交易过程不需要第三方机构做信用背书。小区中每个人的权利和义务都是平等的，共同维护同一份账本，所有数据公开、透明、完整且难以篡改。所以，区块链技术解决了信用共识的问题。

3. 账本的演进史

早些时候，农村里一般都会有个账房先生，村里人出个工或者买卖些种子肥料等，都会依靠这个账房先生来记账，大部分情况下其他人也没有查账的习惯，那个账本基本就是这个账房先生保管着。到了年底，村主任会根据账本余额购置些琐碎物件给村里人分发，一直以来也都是相安无事，谁也没有怀疑账本会有什么问题。账房先生因为承担着替大家记账的任务，因此不用出去干活出工，额外会有些补贴，仅此一点，倒也是让一些人羡慕不已[3]。下图便是当时账本的记账权图示：

图 1-2　账房记账

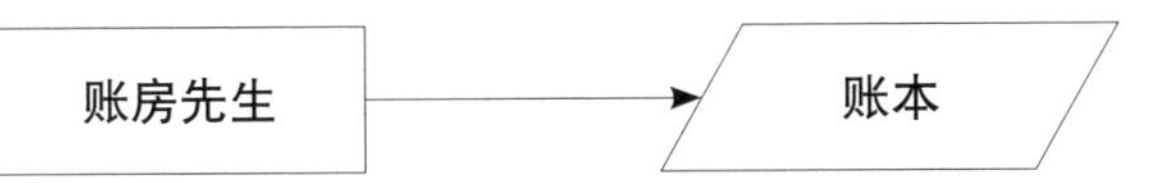

终于有一天，有个人无意中发现了账房先生的那本账。发现账面上的数字不对，最关键的是支出、收入、余额居然不能平衡。对不上，这可不行，立即报告给其他人，结果大家都不干了，这还得了。经过一番讨论，大家决定轮流来记账，这个月张三，下个月李四，大家轮着来，防止账本被一个人拿在手里。于是，账本的记账权发生了如下图所示的变化：

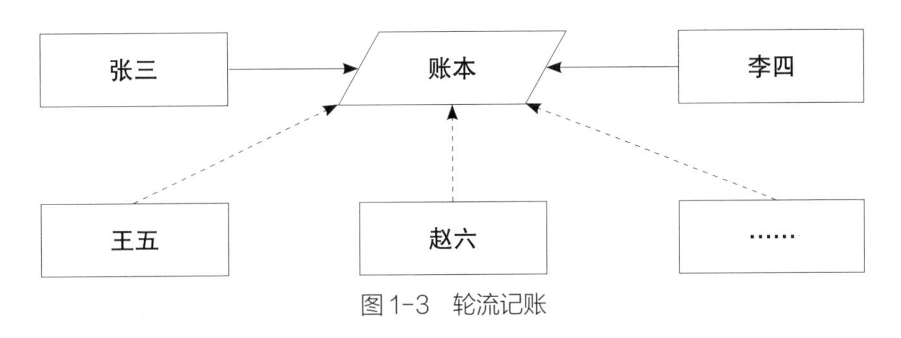

图1-3　轮流记账

通过上图可以看到，村里的账本由大家轮流来保管记账了，一切又相安无事了，直到某一天，李四想要挪用村里的公款，可是他又怕这个事情被后来记账的人发现，怎么办呢？李四决定烧掉账本的一部分内容，这样别人就查不出来了，回头只要告诉大家这是不小心碰到蜡烛，别人也没什么办法。

果然，出了这个事情以后，大家也无可奈何。可是紧接着，赵六也说不小心碰到蜡烛了；王五说不小心掉水里了；张三说被狗啃了……终于大家决定坐下来重新讨论这个问题。经过一番争论，大家决定启用一种新的记账方法：每个人都拥有一本自己的账本，任何一个人改动了账本都必须要告知所有其他人，其他人会在自己的账本上同样地记上一笔，如果有人发现新改动的账目不对，可以拒绝接受，到了最后，以大多数人都一致的账目为准。

果然，使用了这个办法后，很长一段时间内都没有发生过账本问题，即便是有人真的不小心损坏了一部分账本的内容，只要找到其他的人去重新复制一份来就行了。

然而，这种做法还是有问题，时间长了，有人就偷懒了，不愿意这么麻烦地记账，就希望别人记好账后，自己拿过来核对一下，没问题就直接抄一遍。这下记账记得最勤的人就有意见了。最终大家开会决定，每天早上掷骰子，根据点数决定谁来记当天的账，其他人只要核对一下，没问题就复制过来。

可以看到，在这个时候，账本的记账权发生了如下图所示的变化：

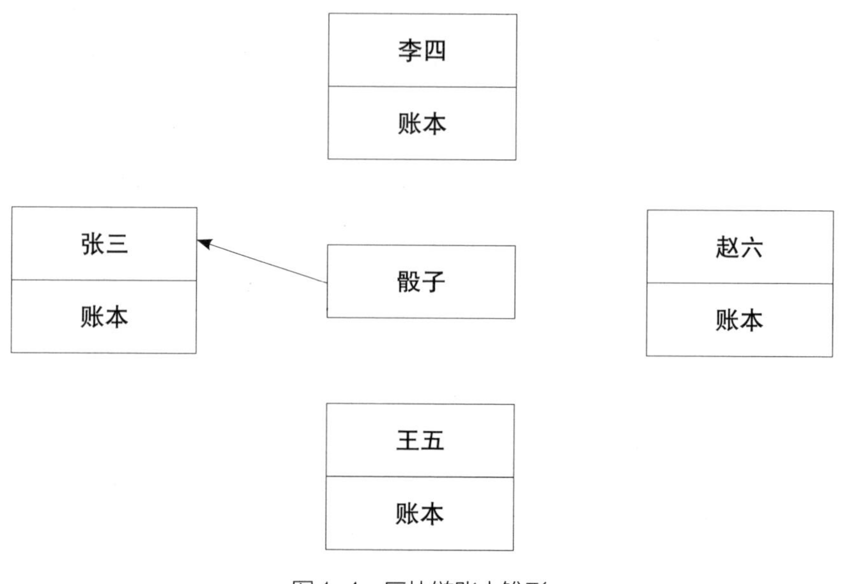

图 1-4　区块链账本雏形

通过上图，我们可以看到，经历几次记账程序修改之后，大家终于还是决定共同来记账，这样是比较安全的做法，也不怕账本损坏丢失了。后来大家还决定，每天被掷到要记账的人，能获得一些奖励，从当天的记账总额中划出一定奖励的比例。

最后大家决定的做法，就是区块链中记账方法的雏形了。

4. 区块链与其他记账方式的区别

举个数钱的例子，比如数一个亿（是不是好刺激 ~）：

（1）如果一个人数，虽然慢但好在专注，可以在一定的时间内数完。这叫单线程密集计算。

（2）如果 N 个人一起数，每人平分，分头同时数，最后汇总总数，所用时间基本上是第一种情况的 1/N，参与的人越多，所需时间就越少，效率就越高。这叫并行计算。

（3）如果 N 个人一起数，但由于这 N 个人互相不信任，得彼此盯着，首先抽签选一个人，这个人捡出一叠钱（比如一万块一叠）数一遍，打上封条，签名盖章，然后给另外几个人一起同时重新数一遍，数好的人都签名盖章，这叠钱才算点好了。然后再抽签换个人捡出下一叠来数，如此循环。因为一个人数钱时别人只是盯着，而且一个人数完且打上封条和签名的一叠钱，其他人要重复数一遍再签名确认，那么可想而知，这种方式肯定是最慢的。

所以，区块链方案致力追求的是，在缺乏互相信任的分布式网络环境下，实现交易的安全性、公允性，达成数据的高度一致性，防篡改、防作恶、可追溯，付出的代价之一就是性能。

第五节　区块链常用术语

下面我们来简单介绍一下，区块链中常用的一些术语。

1. 拜占庭难题

拜占庭即如何实现“去中心化”传播。但是去中心化存在两个致命的问题，一是一致性问题，二是正确性问题。这就是著名的“拜占庭难题”。

什么是“拜占庭难题”？过去的信息传递一直都是中心化的。例如，军队会有总指挥部，所有的指令都由总指挥部发出，再层层下达。那么，假如没有这个总指挥部呢？也就是说，假如指令传递是去中心化的呢？会变成什么样子？于是就有了著名的“拜占庭难题”。“拜占庭难题”并不是真实发生的历史事件，它只是科学家的一个假设。具体是这样的：

在拜占庭时代有一个强大的城邦，它拥有巨大的财富，它的周围有10个城邦，它们都觊觎这个强大的城邦的财富，想要侵略并占领它。它们各自组织了一支军队，这10支军队之间彼此独立、各自为营，且各自派出一个联络员互相联系。在这种情况下，“中心”是不存在的，信息传递可以在任意两支军队之间进行。也就是说，此时的信息传递是“点对点”的。假设这10支军队必须同时进攻才有胜算，那么要做到同时进攻，就必须确保所有的“点对点”信息传递都是正确无误的。但这一点在实际操作中很难。因为在战争中，要做到信息同步几乎不可能，而且存在“他们当中有叛徒，故意传递错误信息”的可能。这就是信息传递中的“拜占庭难题”。简单地讲，“拜占庭难题”指的就是去中心化信息传播中的“同步”和“互信”难题。

进一步探讨会发现：很显然，这 10 支军队是一个由互相不信任的各方构成的网络，是一个去中心化的网络，但它们又必须一起努力完成共同的使命。它们之间唯一的联络方式就是信使。如果每个城邦向其他 9 个城邦派出 1 名信使，那么就是 10 个城邦每个派出了 9 名信使，也就是说在任何一个时间有总计 90 次的传输，并且每个城邦分别收到 9 个信息，可能每一个信息都传达着不同的进攻时间。假设这当中有几个城邦故意同时答应几个不同的进攻时间，或者它们重新向网络发起新的信息，都可能造成攻击时间上的混乱。现在这个网络里是 10 个人，那么假如是 20 个呢，30 个呢？稍加计算就可以发现：随着人数的增加，达成共识的希望会变得越来越渺茫。把上面例子中的城邦换成计算机网络中的节点，把信使换成节点之间的通信，把进攻时间换成需要达成共识的信息，我们就可以理解“去中心化传播中的共识问题”是一个怎样的难题了。

达成共识对于信息传播的重要性不言而喻。在区块链出现之前，去中心化的共识问题是很难被完美解决的，要保证达成共识就必须采取中心化的系统。

例如，两个不认识的人在网络上交易，A 付了钱，B 不承认，说自己没收到，A 几乎是一点办法也没有的。在淘宝上交易，因为有了第三方——支付宝的存在，有支付宝做信用背书，交易才能顺利进行。所以我们会发现，在区块链出现之前，我们绝大多数商业行为都是“中心化”思维在主导的。达成共识对于信息传播的重要性不言而喻。

图 1-5　达成共识的重要性

2.P2P 网络技术

P2P 网络是一种计算机网络形式，与传统的中心化服务器加客户端结构不同，它是分散的、去中心化的。在 P2P 网络中，各个节点不再区分服务器端和客户端的关系，所有节点的地位平等，不存在中心化的控制机制。相比中心化的网络结构，P2P 网络拥有更好的并行处理能力、扩展性以及健壮性。

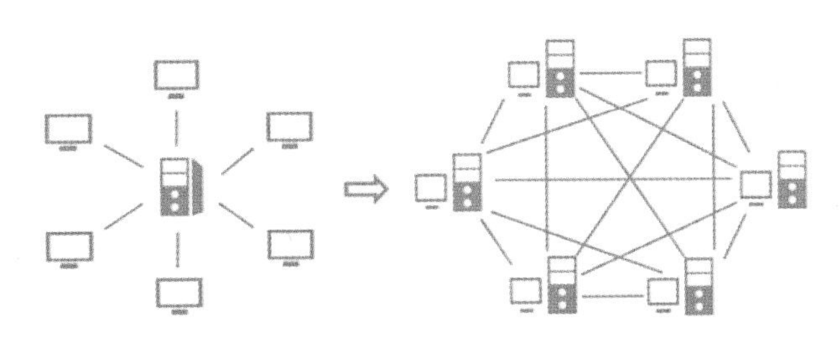

图 1-6　从中心化网络模式到去中心化网络模式

区块链系统不依赖任何第三方的控制来保障整个系统的运行，这与 P2P 网络的特点高度契合。另外，P2P 网络技术是发展成熟的计算机技术，已被广泛用于开发各种分布式应用。因此，区块链采用 P2P 网络协议，以实现去中心化控制。

区块链是一个对等的动态网络，网络中时刻有新节点的加入和旧节点的退出。当系统中新增节点数目大于退出节点数目时，整个系统的容量也将扩大。

3. 分布式账本技术

在经济全球化的背景下，经济活动跨越国家和地区，涉及不同的参与方，如卖家、买家和中介（银行、审计员或司法人员）等。他们会把复杂的协议数据及合约记录在账本中，用来跟踪资产所有权，并实现业务参与者之间的资产转移。可以说，账本是经济活动中必不可少的记录系统。

但是，当前使用的账本主要是一些中介提供安排的，如保险机构、票据交换所等。这些机构是基于集中化和信任机制的第三方系统，存在着许多不足之处，给交易结算带来许多障碍。首先，它缺乏透明度，容易滋生腐败和滥用行为，带来争议纠纷；其次，每个参与者系统中的账本和副本是不同步的，这就可能导致因为数据错误而让决策者制定不恰当的商业策略的现象，而分布式账本就可以很好地解决这些问题。

分布式账本技术是一种在网络成员之间共享、复制和同步的数据库。区块链就是一种分布式账本，它记录了网上的各种交易数据，如资产或数据的交换。网络参与者通过共识原则来制约和协商对账本中的记录更新，省去了第三方机构的参与。分布式账本通过时间戳和密码签名来记录数据，记录之后，账本中就可以审计记录的历史数据了。

分布式账本能够削弱现有的中介控制作用，不需要任何中央数据管理系统介入，就能形成点对点的支付交易，实现“交易即结算”的模式。这种模式大大提升了交易效率和清算速度。

4. 共识机制

所谓共识，就是指参与方都达成一致认识的意思。在生活中也有很多需要达成共识的场景，比如开会讨论，双方或多方签订一份合作协议等。在区块链系统中，每个节点必须要做的事情就是让自己的账本跟其他节点的账本保持一致。如果是在传统的软件结构中，这几乎就不是问题，因为有一个中心服务器存在，也就是所谓的主库，其他的从库向主库看齐就可以了。在实际生活中，很多事情的处理也是按照这种思路来进行的，比如企业老板发布了一个通知，员工照着做。但是区块链是一个分布式的对等网络结构，在这个结构中没有哪个节点是“老大”，一切都要商量着来。在区块链系统中，如何让每个节点通过一个规则将各自的数据保持一致是一个核心问题，这个问题的解决方案就是制定一套共识算法。

共识算法其实就是一个规则，每个节点都按照这个规则去确认各自的数据。我们暂且抛开算法的原理，思考一下在生活中我们会如何解决这样一个问题：假设一群人开会，这群人中并没有一个领导或者说老大，大家各抒己见，那么最后如何统一做决定呢？实际处理的时候，我们一般会在某一个时间段中选出一个人来发表意见，那个人负责汇总大家的内容，然后发布完整的意见，其他人投票表决，每个人都有机会来做汇总发表，最后谁的支持者多就以谁的最终意见为准。这种思路其实上可视为一种共识算法。然而在实际过程中，如果人数不多并且数量是确定的，那还好处理些，如果人数很多而且数量也不固定，那我们就很难让每个人都去发表意见然后再来投票决定了，这样的效率太低。我们需要通过一种机制筛选出最有代表性的人，在共识算法中就是筛选出具有代表性的节点。

如何筛选呢？其实就是设置一组条件，就像我们筛选运动员，筛选尖子生一样，大家来完成一组指标，谁能更好地完成指标，谁就能有机会被选上。在区块链系统中，存在着多种这样的筛选方案，比如 PoW（Proof of Work，工作量证明）、PoS（Proof of Stake，权益证明）、DPoS（Delegate Proof of Stake，委托权益证明）、PBFT（Practical Byzantine Fault Tolerance，实用拜占庭容错算法）等各种不同的算法。区块链系统就是通过这种筛选算法或者说共识算法来使得网络中各个节点的账本数据达成一致的。

图 1-7 筛选

5. 区块 + 链

区块链之所以被称为 Blockchain，是因为它的数据块以链状的形式存储着。从第一个区块即所谓的创世区块开始，新增的区块不断地被连到上一个区块的后面，形成一条链条。

每个区块由两个部分组成——区块头部和区块数据。其中，区块头部中有一个哈希指针指向上一个区块，这个哈希指针包含前一个数据块的哈希值。哈希值可以被看成数据块的指纹，即在后一个区块的头部中均存储有上一个区块数据的指纹。如果上一个区块中的数据被篡改了，那么数据和指纹就对不上号，篡改行为就被发现了。要改变一个区块中的数据，对其后的每个区块都必须相应地进行修改。

一个区块中的数据是被打包进这个区块的一系列交易。这些交易按照既定的规则被打包形成特定的二叉树数据结构——梅克尔树（Merkle trees）。按目前的比特币区块的大小，一个区块中能容纳的交易数量在 2000 个左右。比特币区块链的数据结构中包括两种哈希指针，它们均是不可篡改特性的数据结构基础。一个是形成“区块 + 链”（block+chain）的链状数据结构，另一个是哈希指针形成的梅克尔树（见图 1–8）[4]。链状数据结构使得对某一区块内数据的修改很容易被发现。梅克尔树的结构起类似作用，使得对其中的任何交易数据的修改很容易被发现。

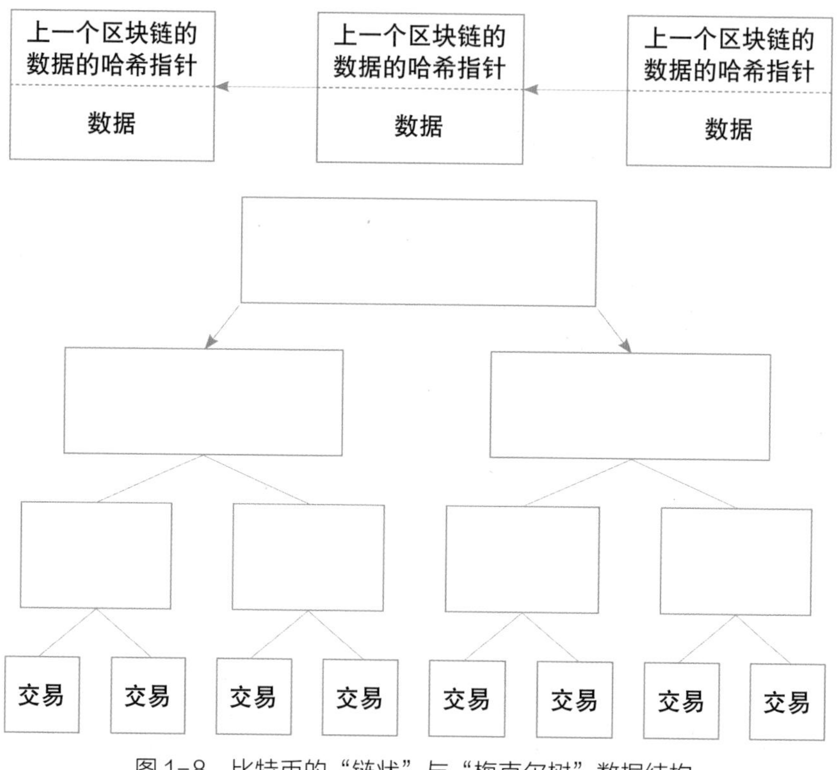

图 1–8　比特币的“链状”与“梅克尔树”数据结构

6. 密码算法

密码算法的应用在区块链系统中是很巧妙的，应用的点也很多，区块链账本就是连接起来的一个个区块。那么到底是通过什么来连接的呢？在数据结构中，有一种变量叫指针，它是可以用来指向某个数据的地址的。

生活中的地址连接例子很多，比如路牌、门牌等。然而，区块之间的连接，往往都不是靠数据地址来关联的，而是靠一种称为哈希值的数据来关联的。什么叫哈希值？这是通过密码算法中的哈希算法计算得出的值。哈希算法可通过对一段数据计算后得出一段摘要字符串，这种摘要字符串与原始数据是唯一对应的。

什么意思呢？如果对原始数据进行修改，哪怕只是一点点修改，那么计算出来的哈希值都会发生完全的变化。区块链账本对每个区块都会计算出一个哈希值，称为区块哈希，通过区块哈希来串联区块。这有一个很好的作用就是，如果有人篡改了中间的某一个区块数据，那么后面的区块就都要进行修改，这个时候并不是简单地修改一下后面区块的地址指向就能结束的，由于后面的区块是通过区块哈希来指向的，只要前面的区块发生变动，这个区块哈希就无效了，就指不到正确的区块了。

另外一个对密码算法的应用就是梅克尔树结构，每个区块会被计算出一个哈希值。实际上，除了整个区块会被计算哈希值外，区块中包含的每一笔事务数据也会被计算出一个哈希值，称为“事务哈希”，每一个事务哈希都可以唯一地表示一个事务。对一个区块中所有的事务进行哈希计算后，可以得出一组事务哈希，再通过对这些事务哈希进行加工处理，最终会得出一棵哈希树的数据结构。哈希树的顶部就是树根，称为“梅克尔根”。通过这个梅克尔根就可以将整个区块中的事务约束起来，只要区块中的事务有任何改变，梅克尔根就会发生变化，利用这一点，可以确保区块数据的完整性。当然，密码算法在区块链系统中的应用还远不止这些，比如通过密码算法来创建账户地址、签名交易事务等。

公钥和私钥是现代密码学分支非对称性加密里面的名词。对于一段需要保护的信息，通常使用公钥加密，用私钥解密，这种加密方法也称为公开密钥算法。

公钥就是可以对全世界公开的密钥，比如你和百度通信时，你可以使用百度公开提供的 1024 位的公钥加密信息，加密后的密文只有使用百度私藏的私钥才可以做解密，这就保证了通信安全。

在谍战剧里，发电报那种一般都是使用对称加密算法。这种加密方式缺点是显而易见的，如果被人知道了密钥和加密方法，按照加密方法反着来就能解密。一直到非对称加密算法的出现，这种情况才有所改观。

自从非对称加密算法诞生以来，人们发现一些数学函数极其适用于这种算法，比如椭圆曲线加密算法。这些数学函数具有某种困难度：由输入计算输出很容易，但是从输出计算输入则几乎不可能。比特币是使用椭圆曲线加密算法作为公共密钥编码的基础的，事实上在很多区块链系统中都是使用椭圆曲线加密算法。

7. 智能合约

智能合约是区块链的又一核心技术，它基于区块链数据难以篡改的特性，自动化执行预先设定好的规则和条款。随着区块链技术的发展，智能合约也逐渐进入了大众的视线。未来，智能合约技术也将被应用于各个领域。

“智能合约”概念最早可以追溯到1995年，由密码学家尼克·萨博提出，他将智能合约定义为“一套以数字形式定义的承诺，包括合约参与方可以在上面执行这些承诺的协议”。

在这个定义中，“一套承诺”是指合约双方共同确定的权利与义务。例如，在交易活动中，卖家承诺发货，买家承诺付款。“数字形式”是指合约以可读代码的形式写入计算机，智能合约权利和义务的履行都要用计算机网络来执行。“协议”是指实现合约承诺所应用的技术。合约履行期间，被交易资产有什么样的性质就要选择什么样的协议。

但是，由于当时没有能够支撑可编程交易的数字金融系统，智能合约的工作理论并没有产生。随着比特币的出现和广泛使用，阻碍智能合约实现的情况正在逐渐改变，萨博的理念得到了重生。智能合约被部署在可分享、复制的账本中，它能维持自己的状态，控制自己的资产，并对接收到的外界信息做出回应。简单地说，它是一种附在共享账本上的计算机程序，可以进行信息处理、接收、存储和发送等一系列操作。

智能合约更像是一个可以绝对信赖的系统参与者，负责临时保护个人资产，并严格按照事先约定的规则执行操作。由于智能合约完全由代码定义执行，最大范围地减小了人为干预，智能合约一旦启动，将会自动执行整个过程，即使是发起人也没有能力改变。

尼克·萨博认为，智能合约最简单的应用就是自动售卖机。用自动售卖机买东西只需要在售卖机中放入钱，选择商品，然后等待商品自动掉出即可。智能合约同样如此，只要预先设定好代码，工作就会一直按照代码来执行，相同的代码会带来相同的执行结果。

图 1-9　自动售卖机

智能合约和每个人的生活息息相关，它可以自动执行一系列的简单交易。例如，两个人事先对一场比赛结果打赌，并将打赌筹码放到一个由智能合约控制的账户中去。比赛结果出来后，智能合约就会根据收到的指令自动判断输赢。这个过程避免了第三方介入可能产生的暗箱操作，实现了整个过程的公开透明。

图 1-10　智能合约

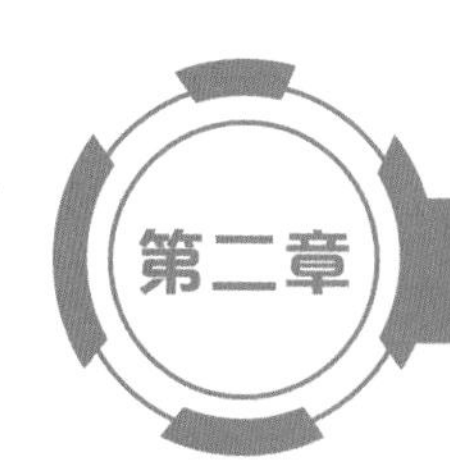

区块链技术演进

从比特币诞生开始，区块链技术已经发展十多年，基本可以分为三个阶段：区块链 1.0，以可编程数字加密货币体系为主要特征的区块链模式；区块链 2.0，以可编程金融系统为主要特征的区块链模式；区块链 3.0，是区块链技术在社会领域下的应用场景实现，将区块链技术拓展到金融领域之外，为各种行业提供去中心化解决方案，也是目前技术结构体系下的发展重点。

第一节　区块链 1.0

不少人认为区块链就是比特币，其实比特币是区块链首个应用实例，区块链是比特币的底层支撑技术。早期“比特币”远比“区块链”受关注，因此不少人将二者混淆。其实在区块链、比特币诞生之前还有很多故事和很多有趣的人，正是这些人碰撞的故事导致了比特币的诞生，进而促进了区块链技术的发展。

1. 从互联网到区块链

自第二次工业革命以来，从电报、电话到互联网，信息的传递方式不断升级，价值的传递方式也因此得到了同步发展。以信用卡、网银、移动支付为代表的电子货币就是在这样的背景下产生的。

互联网是为了解决信息的高效传输而被发明的，在这个网络中，信息在全球范围内的点对点传输变得异常高效与廉价。然而，这种信息传输网络并没有对有价值的信息进行保护的内在机制，在网上复制、传播乃至篡改一条信息的成本几乎为零，我们无法点对点地传递带有所有权的信息。一些传统行业（比如唱片业、出版业）在互联网诞生后受到了很大冲击，就是这个特征带来的必然结果。虽然目前各国政府对网上内容的版权保护力度越来越大，但仍然很难从技术层面上杜绝侵权问题。

从电子货币的诞生与发展来看，虽然我们已经做到了让货币以数字化的形式高效流通，但这种数字化还相当初级。我们不得不依赖大量的第三方中介机构才能保障电子货币的流通，而这种形式不仅引入了中心化的风险，也提升了传输的成本。

区块链就是在这样的背景下诞生的。由于信息与价值的密不可分，我们有了互联网这个全球范围的高效可靠的信息传输系统后，必然会要求一个与之匹配的高效可靠的价值传输系统。也就是说，区块链的诞生不是偶然的，其背后有着深刻的必然逻辑。“区块链”这个名字或许是偶然，但行区块链之实的系统的诞生则是必然。

信用是制造货币的真正原材料。而区块链通过构造一个可以量化信用的经济系统，使得一个点对点的电子现金系统——比特币的出现成为可能。或者说，区块链创造了一个数字化的、可以点对点传输价值的信用系统。

2. 密码朋克

说到比特币的缘起，就不得不谈到一个略显神秘的团体：密码朋克（Cypherpunk）。这个团体是密码天才们的松散联盟，比特币的创新中大量借鉴了密码朋克成员的贡献。密码朋克这个词一部分来源于密码（Cipher），这在密码学中意为用于加密解密的算法；一部分来源于赛博朋克（Cyberpunk），指那个时代流行的一个科幻流派。这样的组合有很微妙的意味，散发着改变社会的激进理想。

密码朋克们的观点是：现代社会不断蔓延着对个人隐私和权利的侵蚀。他们互相交流着对这一问题的看法，并认为在数字时代保护隐私对于维持一个开放社会是至关重要的。这一理念在比特币中得到体现：去中心化的追求，对匿名的拥抱。密码朋克本身就是数字货币最早的传播者，在其电子邮件组中，常见关于数字货币的讨论，并有一些想法付诸实践。比如大卫·乔姆、亚当·贝克、戴伟、哈尔·芬尼等人在早期数字货币领域做了大量的探索。

3. 早期数字货币的探索

比特币并不是数字货币的首次尝试。据统计，比特币诞生之前，失败的数字货币或支付系统多达数十个。正是这些探索为比特币的诞生提供了大量可借鉴的经验。

大卫·乔姆（David Chaum）是一位密码破译专家，也是20世纪八九十年代密码朋克的“主教”级人物。他是很多密码学协议的发明者，他在1981年的研究奠定了匿名通信的基础[5]。1990年，创建了数字现金公司（DigiCash），并试验了一个数字化的货币系统，称为Ecash。在他的系统中，付款方式是匿名的，而收款方不是。更精确的说法是，Ecash是个人对商家的系统。他发明的这个货币系统还有部分绕过中间商的特质，数字现金公司作为可信的第三方来确认交易，避免重复消费，保证系统诚实。

亚当·贝克（Adam Back）是一位英国的密码学家，1997年，他发明了哈希现金（Hashcash）[6]，其中用到了工作量证明系统（Proof of Work）。这个机制的原型可用于解决互联网垃圾信息，比如作为垃圾邮件的解决方案。它要求计算机在获得发送信息权限之前做一定的计算工作，这对正常的信息传播几乎不会造成可以察觉的影响，但是对向全网大量散布垃圾信息的计算机来说，这些计算会变得不可承受。这种工作量证明机制后来成为比特币的核心要素之一。

哈伯和斯托尼塔（Haber and Stornetta）在1997年提出了一个用时间戳的方法保证数字文件安全的协议[7]。对它的简单解释是，用时间戳的方式表达文件创建的先后顺序，协议要求在文件创建后其时间戳不能改动，这就使文件被篡改的可能性为零。这个协议成为比特币区块链协议的原型。

戴伟（W Dai）是一位兴趣广泛的密码学专家，他在1998年发明了B-money。B-money强调点对点的交易和不可更改的交易记录，网络中的每一个交易者都保持对交易的追踪。不过在B-money中，每个节点分别记录自己的账本，这不可避免地会产生节点间的不一致。戴伟为此设计了复杂的奖惩机制以防止节点作弊，但是并没有从根本上解决问题。中本聪发明比特币的时候借鉴了很多戴伟的设计，并和戴伟有很多邮件交流。

哈尔·芬尼（Hal Finney）是PGP公司的一位顶级开发人员，也是密码朋克运动早期和重要的成员。2004年，芬尼推出了自己的电子货币，在其中采用了可重复使用的工作量证明机制（RPOW）。哈尔·芬尼是第一笔比特币转账的接受者，在比特币发展的早期与中本聪有大量互动与交流。由于身患绝症，哈尔·芬尼已于2014年去世。

4. 比特币的诞生

比特币诞生于 2008 年 9 月，以雷曼兄弟的倒闭为开端，金融危机在美国爆发并向全世界蔓延。为应对危机，世界各国政府和中央银行采取了史无前例的财政刺激方案和扩张的货币政策并对金融机构提供紧急援助。这些措施同时也引起了广泛的质疑。

2008 年 10 月 31 日下午 2 点 10 分，在一个普通的密码学邮件列表中，几百个成员均收到了自称是中本聪（Satoshi Nakamoto）的人的电子邮件，“我一直在研究一个新的电子现金系统，这完全是点对点的，无需任何可信的第三方”，然后他将收件人引向一个九页的白皮书，其中描述了一个新的货币体系。同年 11 月 1 日，自称是中本聪的人在网络上发表了比特币白皮书《比特币：一种点对点的电子现金系统》，阐述了以分布式账本技术、PoW 共识机制、加密技术等为基础构建的电子现金系统，这标志着比特币的诞生。其实比特币白皮书英文原版并未使用“Blockchain”一词，而是使用的“Chain of Blocks”。最早的比特币白皮书中文翻译版中，将 Chain of Blocks 翻译成了区块链。这是“区块链”这一中文词词汇最早出现的时间。

两个月后（2009 年 1 月 3 日），第一个（序号为 0）创世区块诞生，意味着比特币从理论步入实践。几天后（2009 年 1 月 9 日）出现了序号为 1 的区块，并与序号为 0 的创世区块相连接形成了链，标志着区块链的诞生。

2015 年《经济学人》杂志以“区块链，信任的机器”为封面文章，指出比特币背后的技术可以改变经济运作模式，称“区块链让人们可以在没有一个中心权威机构的情况下，能够对互相协作彼此建立起信心。简单地说，它是一台创造信任的机器”。此后，比特币及区块链获得民众越来越多的关注。

5. 区块链 1.0 的技术架构

比特币所代表的，是区块链技术的起源，是一种革新未来的力量。比特币是区块链的首个应用，区块链是比特币的底层技术。具体而言，区块链 1.0 具有如下功能：

分布式账本（Distributed Ledger）：分布式账本是在网络成员之间共享、复制和同步的数据库，记录网络参与者之间的交易，部分国家的银行将分布式账本作为一项节约成本的措施和降低操作风险的方法。

块链式数据（Linked Data Storage）：区块链采用带有时间戳的结

构存储数据，从而为数增加了时间维度，具有极强的可验证性和追溯。

梅克尔树（Merkle Trees）：梅克尔树是区块链的重要数据结构，能够快速归纳和校验区块数据的存在性和完整性。

工作量证明（Proof of Work, PoW）：通过引入分布式节点的算力竞争保证数据一致性和共识的安全性。

应用层	实现转账和记账功能		
激励层	发行机制		分配机制
共识层		POW	
网络层	P2P 网络	传播机制	验证机制
数据层	区块数据	链式结构	数字签名
	哈希函数	梅克尔树	非对称加密

图 2-1　区块链 1.0 技术架构图

6. 区块链 1.0 的特征

区块链 1.0 是区块链技术的基本版本，能够实现可编程货币，是与转账、汇款和数字化支付相关的密码学货币应用。通过这一层次的应用，区块链技术首先起到搅动金融市场的作用。

（1）从技术上实现了去中心化

去中心化的系统并不是从比特币首次被人们提及，在此之前，还有很多“密码朋克”成员，作为密码学信仰者试图破除现有中心化的货币体系，他们也曾提出数字货币，但是都以失败告终。

直到中本聪将这些技术整合起来，用“时间戳”这一概念解决了交易重复的“双花”问题，并给予维护系统 / 竞争打包权的人以比特币作为“挖矿奖励”，这才真正从技术层面上实现了“全网自由交易、全网共同维护”的去中心化系统。

（2）仅限于金融行业、货币支付这一垂直领域

在金融领域的货币场景，区块链 1.0 时代掀起了一场浪潮。区块链技术最先也是最成功的落地应用即数字货币，这与传统的金融行业中的数字化支付、汇款以及转账等很多相关的领域产生了共鸣，因而备受关注。

7. 区块链 1.0 的意义与限制

区块链 1.0 诞生了目前为止规模最大的加密货币——比特币。以比特币为代表的数字货币应用，其场景包括支付、流通等货币职能，这是区块链技术的起源，是一种革新未来的力量。

数字货币不同于电子货币。数字货币（Digital Money）尚没有统一定义，但它并不是任何国家和地区的法定货币，也没有政府当局为它提供担保，只能通过使用者间的协议来发挥上述功能。而电子货币是将法定货币数字化后以支撑法定货币的电子化交易，因此二者并不等同。数字货币的主流是以比特币为代表的去中心化的数字货币。

基于区块链的数字货币体系可以解决传统货币体系的 3 大弊端。

第一，区块链体系由大家共同维护，不需专门消耗人力物力，去中心化结构使成本大幅降低，同时，数据的公开使得人们几乎不可能在其中做假账。第二，区块链以数学算法为背书，其规则是建立在一个公开透明的数学算法之上，能够让不同政治文化背景的人群获得共识，实现跨区域互信。第三，区块链系统中任一节点的损坏或者失去都不会影响整个系统的运作，具有极好的健壮性。

比特币系统中，每个区块的容量大小是 1MB，每 10 分钟出一个区块，以一个交易 0.25KB 计算，每秒平均打包 1000/0.25/60/10=6.67 个交易。也就是说，以当前比特币区块的大小，每秒只能承载 7 个交易，即 7 TPS。如果与中心化交易系统的处理能力相比，Paypal 的处理能力是每秒 100 笔的量级，而支付宝在“双十一”时的处理能力达到了每秒 10 万笔的量级。所以，很难想象这样的区块链系统如何能够应对高频次的数据调用和存储。

8. 央行数字货币 DC/EP

2019 年 6 月 18 日，Facebook 发布了数字货币项目 Libra 白皮书，由此引发了世界各国央行的关注与讨论。全球央行开始密集释放研发数字货币的信号，中国央行也不例外。

中国央行数字货币从 2014 年开始研究，到 2018 年已经趋于成熟，并在 2019 年 8 月份 Libra 引发全球央行热议时“呼之欲出”。

（1）央行数字货币

中国的央行数字货币英文简称为“DC/EP”，“DC”是“Digital Currency（数字货币）”的缩写，“EP”是“Electronic Payment（电子支付）”的缩写，主要功能就是作为电子支付手段。

在技术的选择上，央行不预设技术路线，所以也就不会强制采用区块链技术。按照目前的设计，由于央行数字货币将主要应用于小额零售高频场景，所以最为关键的就是满足高并发需求。根据央行官员透露的消息，定位于 M0 替代的央行数字货币交易系统的性能至少在 30 万笔 / 秒以上的水平。这种性能要求，当前的区块链系统很少能够达到。当然，这也不意味着区块链技术就无法运用于央行数字货币系统。

（2）为什么央行发行数字货币？

电子支付已成为未来发展的大趋势。美国信用卡支付极度发达但电子支付相对落后，而 Libra 等机构发行的以美元为主要锚定物的数字货币能在一定程度上帮助美国在电子支付领域实现突破。但中国如今以支付宝、微信支付领衔的移动支付已经全球领先，那中国央行为何仍如此重视数字货币？

首先要明确的是，中国央行即将发行的央行数字货币和 Libra 存在本质差别。中国央行数字货币是由中国央行发行的法定货币，由中央银行进行信用担保，具有无限法偿性（即不能拒绝接受央行数字货币），是现有货币体系的有效补充。而 Libra 是由 Facebook 领衔的 Libra 协会准备发行的一种尚未得到监管许可的数字货币。虽然 Libra 的价值与一篮子货币挂钩，但它仍在很大程度上会对现有货币体系造成冲击，挤占现有各国法定货币的使用空间。其次，此次央行即将推出的数字货币重点替代 M0 而非 M1 和 M2，简单而言就是实现纸钞数字化。

图 2-2　电子支付

（3）那为什么要替代 M0？

首先，现在纸钞、硬币的印制、发行、贮藏等各环节成本相对数字货币都非常高，还需要不断投入成本进行防伪技术研发。同时由于电子支付的发展，纸钞和硬币的便捷性不足，使用场景逐渐萎缩。

其次，M0 由于交易匿名和伪造匿名，存在被用于洗钱、恐怖融资等风险。而随着安全意识和数据保护意识的提升，普通用户自身存在一定的匿名支付和匿名交易的需求，但现在的支付工具，无论是移动支付还是银行卡支付都无法摆脱银行账户体系，满足不了匿名的需求，也就不能完全取代纸钞支付。从央行的角度来看，未来的数字货币要尽最大努力保护私人隐私和匿名支付需求，但是社会安全秩序同样重要，在遇到违法犯罪问题时要保留必要的核查手段。所以，央行数字货币为了解决上述问题，既要保持纸钞的属性和主要价值特征，又能满足便携和匿名要求，同时还要在隐私保护和打击违法犯罪行为之间寻找平衡。央行数字货币被定义为“具有价值特征的数字支付工具”“纸钞的数字化替代”。[8]

总的来说，区块链 1.0 其实是一个从 0 到 1 的时代，虽然有着种种限制，但不可否认它的基础作用。

第二节　区块链 2.0

区块链 2.0 是数字货币与智能合约相结合，是金融领域更广泛的场景和流程进行优化的应用，区块链 1.0 到 2.0 最大的升级之处在于智能合约。

1. 区块链 2.0 诞生的背景

智能合约，是 20 世纪 90 年代由 Nick Szabo 提出的理念，几乎与互联网同龄。由于缺少可信的执行环境，智能合约并没有应用到实际产业中，自比特币诞生后，人们认识到比特币的底层技术区块链天生可以为智能合约提供可信的执行环境。

以太坊是区块链 2.0 的代表。以太坊是一个平台，它提供了各种模块让用户用以搭建应用，这是以太坊技术的核心。而平台之上的应用，其实也就是合约。以太坊提供了一个强大的合约编程环境，通过合约的开发，以太坊实现了各种商业与非商业环境下的复杂逻辑。支持了合约编程，让区块链技术不仅仅是发币，还提供了更多的商业、非商业的应用场景。

区块链 2.0 就是更宏观地对整个市场的去中心化，利用区块链技术来转换许多不同的资产而不仅仅是比特币，通过转让来创建不同资产单元的价值。

区块链 2.0 让所有的金融交易都可以被改造成在区块链上使用，包括股票、私募股权、众筹、债券、对冲基金和所有类型的金融衍生品（期货、期权等）。

2. 区块链 2.0 的技术架构

智能合约（Smart Contract）：一种旨在以信息化方式传播、验证或执行合同的计算机协议,能够在没有第三方的情况下进行可信交易。智能合约是已编码的、可自动运行的业务逻辑，通常有自己的代币和专用开发语言。

虚拟机（Virtual Machine）：指通过软件模拟运行在一个完全隔离环境中的完整计算机系统，在区块链技术中，虚拟机用于执行智能合约编译后的代码。

去中心化应用（Decentralized Application, DApp）：去中心化应用是运行在分布式网络上、参与者的信息被安全保护（也可能是匿名）、通过网络节点进行去中心化操作的应用。包含用户界面的应用，包括但不限于各种加密货币，如以太坊（Ethereum）的去中心化区块链及其原生数字货币以太币（Ether）。

<table>
<tr><td>应用层</td><td colspan="3">EVM</td><td colspan="3">脚本代码</td></tr>
<tr><td>激励层</td><td colspan="3">发行机制</td><td colspan="3">分配机制</td></tr>
<tr><td>共识层</td><td colspan="2">POW</td><td colspan="2">POS</td><td colspan="2">DPoS</td></tr>
<tr><td>网络层</td><td colspan="2">P2P 网络</td><td colspan="2">传播机制</td><td colspan="2">验证机制</td></tr>
<tr><td rowspan="2">数据层</td><td colspan="2">区块数据</td><td colspan="2">链式结构</td><td colspan="2">数字签名</td></tr>
<tr><td colspan="2">哈希函数</td><td colspan="2">梅克尔树</td><td colspan="2">非对称加密</td></tr>
</table>

图 2-3　区块链 2.0 技术架构图

3. 区块链 2.0 的特征

（1）引入智能合约

智能合约开始在区块链上应用，用机器合约指令代替人工指令，让一切变得更加透明，没有人为操作干扰。

智能合约的核心是利用程序算法替代人执行合同，是指以数字化形式定义的一系列承诺，包括合约参与方可以在上面执行这些承诺的协议。智能合约一旦设立指定后，能够无需中介的参与自动执行，并且没有人可以阻止它的运行。可以这样通俗地说，通过智能合约建立起来的合约同时具备两个功能：一是现实产生的合同；二是不需要第三方的、去中心化的公正和超强行动力的执行者。

这些合约需要自动化的资产、过程、系统的组合与相互协调。合约包含三个基本要素：要约、承诺、价值交换，并有效定义了新的应用形式，使得区块链从最初的货币体系拓展到金融的其他应用领域，包括在股权众筹、证券交易等领域开始逐渐有应用落地。传统金融机构也在大力研究区块链技术，使其与传统金融应用相结合。

（2）拓展了应用市场

如果说以比特币为代表的区块链 1.0 时代，是为价值转移提供了新的思路和技术手段，那么以太坊代表的区块链 2.0 时代，大大拓展了区块链的应用场景，让区块链商业应用变成现实。有了智能合约系统的支撑，区块链的应用范围从单一的货币业务扩大到涉及合约功能的金融业务。

4. 区块链 2.0 的意义与限制

区块链 2.0 体系结构最显著的特点是加入了“智能合约”，从最初的货币体系拓展到股权、债权和产权的登记、转让，证券和金融合约的交易、执行，甚至博彩和防伪等金融领域。

区块链 2.0 时代是以以太坊、瑞波币为代表的智能合约，或理解为“可编程金融”，是对金融领域的使用场景和流程进行梳理、优化的应用。

在区块链 2.0 时代，伴随着区块链技术的普及，区块链的应用已经扩展到金融圈。随着可编程区块链的不断完善，企业的业务模式、发展方向、激励机制都会受到影响。但区块链的 2.0 技术只能达到每秒 70 至 80 次交易次数，这也成为其快速发展的制约性因素。

第三节　区块链 3.0

区块链 3.0 时代是区块链技术在社会领域下的应用场景实现，将区块链技术拓展到金融领域之外，为各种行业提供去中心化解决方案的“可编程社会”。

在区块链 1.0 和区块链 2.0 的时代里，区块链只是小范围影响了一批人，因其局限在货币、金融的行业中，而区块链 3.0 将会赋予一个更大更宽阔的世界。未来的区块链 3.0 可能不止一个链一个币，是生态、多链构成的网络。区块链 3.0 是价值互联网的内核。区块链能够对于每一个互联网中代表价值的信息和字节进行产权确认、计量和存储，从而实现资产在区块链上可被追踪、控制和交易。

价值互联网的核心是由区块链构造一个全球性的分布式记账系统，它不仅仅能够记录金融业的交易，而且几乎可以记录任何有价值的能以代码形式进行表达的事物：对共享汽车的使用权、信号灯的状态、财务账目、医疗过程、保险理赔、投票、能源等。

1. 区块链 3.0 的技术架构

超级账本（Hyperledger）：是一种永久性的、安全的工具，使它更容易创建业务网络，而不需要一个集中的控制点。有了分布式分类账，几乎任何有价值的东西都可以进行跟踪和交易。这一新兴技术的应用在企业中显现出了巨大的好处。例如，它可以在几分钟内帮企业设立证券职能，从而实现完备权限控制和安全保障。

2. 区块链 3.0 的特征

区块链 3.0 以大规模应用为特征。区块链 3.0 超出金融领域，为各种行业提供去中心化解决方案。它将进一步超越经济领域，可用于实现全球范围内日趋自动化的物理资源和人力资产的分配，促进健康、科学、文化教育和艺术等领域的大规模协作应用。

区块链的主要应用场景可归纳为数字货币、数据存储、数据鉴证、金融交易、资产管理和选举投票，共六个场景：

（1）数字货币：以比特币为代表，本质上是由分布式网络系统生成的数字货币，其发行过程不依赖特定的中心化机构。

（2）数据存储：区块链的高冗余存储、去中心化、高安全性和隐私保护等特点使其特别适合存储和保护重要隐私数据，以避免因中心化机构遭受攻击或权限管理不当而造成的大规模数据丢失或泄露。

（3）数据鉴证：区块链数据带有时间戳、由共识节点共同验证和记录、不可篡改和伪造，这些特点使得区块链可广泛应用于各类数据公证和审计场景。例如，区块链可以永久地且安全地存储于由政府机构核发的各类许可证、登记表、执照、证明、认证和记录中等。

（4）金融交易：区块链技术与金融市场应用有非常高的契合度。

区块链可以在去中心化系统中自发地产生信用，能够建立我国区块链市场发展及区域布局中心机构信用背书的金融市场，从而在很大程度上实现了“金融脱媒”；同时利用区块链自动化智能合约和可编程的特点，能够极大地降低成本和提高效率。

（5）资产管理：区块链能够实现有形和无形资产的确权、授权和实时监控。无形资产管理方面可广泛应用于知识产权保护、域名管理、积分管理等领域；有形资产管理方面则可结合物联网技术形成“数字智能资产”，实现基于区块链的分布式授权与控制。

（6）选举投票：区块链可以低成本高效地实现政治选举、企业股东投票等应用，同时基于投票可广泛应用于博彩、预测市场和社会制造等领域。

3. 区块链 3.0 的意义

区块链 3.0 时代，区块链的价值将远远超越货币、支付和金融这些经济领域，它将利用其优势重塑人类社会的方方面面。这是一场没有硝烟的革命，我们要做的是，了解它，迎接它，拥抱它，最后改变这个世界。

随着区块链技术的进一步发展，其“去中心化”功能和“数据不可篡改”功能逐渐受到其他领域的关注。人们开始意识到区块链的应用程序可能不仅限于金融领域，还可以扩展到任何需求领域。因此，在金融领域之外，区块链技术陆续已应用于其他领域，如公证、仲裁、审计、物流、医疗、邮寄、取证、投票等，应用范围已扩展到整个社会。

图 2-4　区块链的更广应用

区块链的优势是什么？区块链技术本身是否有局限？通过详细阐述区块链主要的应用场景来展现区块链能够解决的真实需求，体现区块链的落地价值。

第一节　区块链的优势与局限

1. 区块链的优势

（1）分布式、去中心化

由于区块链使用分布式核算和存储，不存在中心化的硬件或管理机构，任意节点的权利和义务都是均等的，系统中的数据块由整个系统中具有维护功能的节点来共同维护。去中心化的好处就是不需要有一个类似银行的第三方机构来为双方交易提供信任和担保。

（2）解决中心安全问题

传统金融机构作为掌握大量交易数据信息的核心，一旦自身出现不可控的损失或意外，这将给用户带来巨大的伤害，损害大量交易者的利益。区块链具有去中心化特点，不会存在攻击一处，所有结点都瘫痪的情况。这种分布式记账法，如果一部分结点被攻击后，其他结点不受影响，可以正常工作。

（3）降低信用维护代价

从古到今，作为交易的载体——货币，在经历了金本位制到如今已过渡到信用货币制度的历程中，我们不难看出交易的实质从某种意义上来说是信用的交易。传统金融行业依靠中介机构建立信用机制，并同时进行身份验证。这些中介机构为确认交易双方的信用，需要花费时间、人力去确定，中间虚假信息难以筛选，这在无形之中增加了金融机构的成本并且延迟了交易，增加了交易的风险。区块链的自身交易不可逆性，还有信息完全公开的特点，使得交易双方不用考虑现实生活中的信用问题，将信任因素最小化，大大减少交易成本和交易风险。且区块链所附带的数字货币具有智能合约的功能，双方一旦达成协议，交易将会忠实地按照约定好的协议完成，这将大大降低交易双方在交易后对协议因不同解释而造成的纠纷。

（4）建立跨组织的数据和流程联通

区块链是实现数据共享的基础，基于数字的共享，实现流程链接，从而实现商业自动化，或者自动化的价值迭代。通过数字化映射，实现资产交易和管理的新模式，尤其是提升透明度和交易效率。区块链带来的信用成本的降低，可以降低交易的颗粒度，带来更好的资产流动性，而且还可以把之前不能兑现的微价值聚合利用起来。区块链的分布式交易模式使得端到端的交易可以自主设计，更灵活。

2. 区块链的局限

（1）不可篡改、撤销

这一点既是优点也是缺点，在区块链里没有后悔药，人对区块链的数据变动几乎无能为力，主要体现在：如果转账地址填错，会直接造成永久损失且无法撤销；如果丢失密钥也一样会造成永久损失无法挽回。

（2）性能问题

随着时间推进，交易数据超大的时候，区块链就会产生性能问题，如第一次使用需要下载历史上所有交易记录才能正常工作，每次交易为了验证你确实拥有足够的钱而需要追溯历史每一笔交易来计算余额。虽然可以通过一些技术手段（如索引）来缓解性能问题，但问题还是客观存在的。

（3）延迟问题

区块链的交易是存在延迟性的，以比特币举例，当前产生的交易的有效性受网络传输影响，因为要被网络上大多数节点得知这笔交易，还要等到下一个记账周期（比特币控制在 10 分钟左右），也就是要被大多数节点认可这笔交易将有 10 分钟左右延迟。

（4）能耗问题

目前为止，区块链占用资源还是太多，不管是计算资源还是存储资源，应对不了现在的交易规模。同时区块的生成需要进行无数的计算，非常耗费能源。

3. 区块链性能局限的原因

（1）为了安全防篡改、防泄密、可追溯，引入了加密算法来处理交易数据，增加了 CPU 计算开销，包括 HASH、对称加密、椭圆曲线或 RSA 等算法的非对称加密、数据签名和验签、CA 证书校验，甚至是目前的同态加密、零知识证明等，都影响了区块链的计算性能。在数据格式上，区块链的数据结构本身包含了各种签名、HASH 等交易外的校验性数据，数据打包解包、传输、校验等处理起来较为烦琐。

对比互联网服务，也会有数据加密和协议打包解包的步骤，但是越精简越好，优化到了极致，如无必要，绝不增加累赘的计算负担。

（2）为了保证交易事务性，交易是串行进行的，而且是彻底的串行，先对交易排序，然后用单线程执行智能合约，以避免乱序执行导致的事务混乱、数据冲突等。即使在一个服务器有多核的 CPU，操作系统支持多线程、多进程，以及网络中有多个节点、多台服务器的前提下，所有交易也是有条不紊地、严格地按单线程在每台计算机上单核地进行运算，这个时候多核 CPU 其他的核可能完全是空闲的。

而互联网采用全异步处理、多进程、多线程、缓存、优化 IOWAIT 等，一定会把硬件计算能力跑满。

（3）为了保证网络的整体可用性，区块链采用了 P2P 网络架构以及类似 Gossip 的传输模式，所有的区块和交易数据，都会无差别地向网络广播，接收到的节点继续接力传播，这种模式可以使数据尽可能地传达给网络中的所有人，即使这些人在不同的区域或子网里。代价是传输冗余度高，会占用较多的带宽，且传播的到达时间不确定，可能很快，也可能很慢（中转次数很多）。

对比互联网服务，除非出错重传，否则网络传输一定是最精简的，用有限的带宽来承载海量的数据，且传输路径会争取最优，点对点传输。

（4）为了支持智能合约特性，类似以太坊等区块链解决方案，为了实现沙盒特性，保证运行环境的安全和屏蔽不一致性因素，其智能合约引擎要么是解释型的 EVM，或者是采用 docker 封装的计算单元，智能合约核心引擎的启动速度，指令执行速度，都没有达到最高水平，消耗的内存资源也没有达到最优。

（5）为了达到容易校验和防篡改的效果，针对交易输入和输出，会采用类似梅克尔（Merkle）树、帕特里夏（Patricia）树等复杂的树状结构，通过层层计算得到数据证明，供后续流程快速校验。生成和维护这种树的过程是非常烦琐的，既占用CPU的计算量，又占用存储量，使用了树后，整体有效数据承载量（即客户端发起的交易数据和实际存储下来的最终数据对比）急剧下降到百分之几，极端情况下，可能接受了10M的交易数据后，在区块链磁盘上可能实际需要几百兆的数据维护开销，因为存储量的几何级数增加，对IO性能要求也会更高。

（6）为了达到全网一致性和公信力，在区块链中所有的区块和交易数据，都会通过共识机制框架驱动，通过网络广播出去，由所有的节点运行多步复杂的验算和表决，大多数节点认可的数据，才会落地确认。

在网络上增加新的节点，并不会增加系统容量和提升处理速度，这一点彻底颠覆了“性能不足硬件补”的常规互联网系统思维，其根本原因是区块链中所有节点都在做重复的验算以及生成自己的数据存储，并不复用其他节点数据，且节点计算能力参差不齐，甚至会使最终确认的速度变慢。

在区块链系统中增加节点，只会增加可容错性和网络的公信力，而不会增强性能表现，使得在同一个链中，平行扩展的可能性基本缺失了。

而互联网服务大多是无状态的，数据可缓存可复用，请求和返回之间的步骤相对简单，容易进行平行扩展，可以快速调度更多的资源参与服务，拥有无限的弹性。

（7）因为区块数据结构和共识机制特性，导致交易到了区块链之后，会先排序，然后加入区块里，以区块为单位，一小批一小批数据进行共识确认，而不是收到一个交易立刻进行共识确认，比如：每个区块包含1000个交易，每3秒共识确认一次，这个时候交易有可能需要1~3秒的时间才能被确认。

更坏的情况是交易一直在排队，而没有被打包进区块（因为队列拥堵），导致确认时延更长。这种交易时延一般远大于互联网服务500ms响应的标准。所以区块链其实并不适合直接用于追求快速响应的实时交易场景，行业通常说的“提高交易效率”是把最终清结算的时间都算在内的，比如把T+1长达一两天的对账或清结算时延，缩短到几十秒或几分钟，成为一个“准实时”的体验。

综上所述，区块链系统从设计之初就有诸多不利于计算的特征，包括单机内部计算开销和存储较大，网络结构复杂冗余度高，区块打包共识的节奏导致时延较长，在可扩展性上又难以直接增加硬件来平行扩容。

第二节　区块链的适用模式

通过对区块链技术优势与局限的分析，我们可以发现，并非在任何场景中都适合应用区块链技术，基于区块链技术特性的业务场景，可以归纳为三种模式：同步模式、互信模式、溯源模式。

同步模式即区块链技术运用其分布式结构，进行数据的实时更新记录，并传递到链条上每一个节点，使信息的记录与存储在所有节点同步发生，保证在各个节点的参与者均能实时掌控当前所有信息流、物流、资金流。区块链的同步模式所达成的数据分布式存储与记录，一方面可以促使信息的规范化、标准化，另一方面可以保证信息的完整性、真实性。

互信模式体现在区块链技术因其特殊的设计可以保证数据的完整性、连续性、不可篡改性。这些特性一方面可以提升参与者间的沟通效率、降低交流成本，另一方面可以实现信息透明化、公开化，提升信任程度以建立有效的信任机制。这种信任机制不需要任何主体的承诺，也不需要主体间相互了解背景，只要信息被记录存储，就可以实现整个链条的实时记载，无需信任参与方，只需信任结果。区块链技术的运用，可以保证链上各节点提供的信息的可靠性，通过建立起完备的信任体系来促进各节点协同运营。信息交流成本的降低、交流效率的提升对于整体协同运营能力的提升具有重要意义。

溯源模式借助区块链的可追溯性将商品的生产与交易信息记录在数据块中并通过共识机制向各个节点进行同步存储，通过为每一个区块打上时间戳的方式将各个数据块链式串联，这就创建了一个不可更改且不会丢失并以时间为线索串联的数据库，库中包含了所有商品的生产、交易、运输信息，可以通过时间轴向前溯源。

第三节　区块链的主要应用场景

当前，区块链应用已从单一数字货币领域扩展到社会各个领域，基本构筑了“区块链 +”的应用生态。目前涉及最多的应用场景有：供应链、知识产权、电子政务、智慧城市、科技金融、农业溯源、司法存证、票据积分、财务审计等。

1. 供应链

物流快递业是依托于物品交易平台而产生的，在物流快递业发展中，丢包爆仓、错领误领、信息泄露等问题是最为常见的问题，直接影响着快递业的发展。当包裹出现事故后，物流运营商虽承诺对客户进行赔偿，但这需要依托于交易信息、包裹传输信息的追溯。现实情况下，由于交易信息丢失、损毁等问题的存在，对信息的追溯造成了很大困难。传统物流行业存在透明度低、保密性难以保证、商品难以追溯，物流过程中货物、车辆、人员发生错误等问题，大大增加了物流成本。

（1）基于区块链的物流溯源

区块链保证了数据透明度与保密性，用链上数据不可篡改的性质实现物流追踪，避免物流出错。区块链中的货物托运及货款代收业务区块链可以实现智能合约和交易监督，同时区块链能够实现从寄件、收件、始发、终点、派件、签收的全流程区块链化，最终实现货物和资金可追溯。这不仅能够保证包裹传递过程的公开透明，也能够提高包裹传输信息的可追溯性。

图 3-1　区块链可有效避免物流出错

（2）基于区块链的物流对账

在物流对账过程中，企业与承运商在结算时需要通过系统接口来完成不同阶段数据的共享与流通，但是利用传统手段只能实现信息流的互通，而不能解决交易双方之间的信任问题。在传统的交易中，不论是进行信用签收还是依赖纸质运单，双方都各有一套清算数据，需要人工审核，会耗费大量的人力、物力和财力，从而导致整个物流对账过程存在成本高、效率低、结算周期长等问题[9]。

通过电子签名和区块链技术实现结算双方运输凭证的无纸化，确保了物流在配送过程中数据收集的真实性和有效性，同时，将包含运价规则的电子合同也写入区块链，使结算双方共享同一份双方认可的交易数据和运价规则。利用区块链不可篡改的特性，该方案实现了交易数据的实时上链结算，大大缩短了对账时间和对账成本。除此之外，利用区块链的记录特性，可以实现对各方参与方的征信评级，这为第三方金融、信贷机构提供了可靠的征信服务。

图 3-2 区块链对账合作模式

（3）基于区块链的智慧航运

每年全球贸易中，90% 的商品通过海运方式运输。海运中纸质单据多、贸易流程复杂，仅仅是贸易文件处理和管理相关的成本就占实际运输成本的 1/5。一艘船运载数千批货物，货物证明文件还可能出现延迟、丢失、错放，导致海关不予放行、货物滞留等问题，从而造成巨大的经济损失。此外，海运涉及货主、货代、堆场、海关、码头等众多参与方，各方数据存在错误与差异，协同效率低，极大地阻碍了贸易的进程。

将区块链技术应用于集运金融平台、航运物流监控平台、订舱平台，通过区块链的数据透明性，电子运单、审批证书实现区块链化，将从原产地的证书批号、集装箱、货运的单号，运输过程中的传感数据、位置信息、金融交易数据等上链，大大加强流程信息化和数字化，优化航运各业务流程。通过智能合约，订单交易可自动执行，提高运作效率，例如，能让更多相关方使用就近船舶，降低集装箱空箱率，还可以对危险品提出装船提示，根据货物规格、货物的到岸顺序安排装船顺序和位置；借助物联网技术和传感器边缘计算技术，将货物运输监控温、湿度信息实时上链，可以为智能交通导航、港口作业调度、事故原因追查等提供更直观、细致的数据支撑。

运用区块链技术实现了航运业务流程和模式的根本性创新，满足客户对一站式物流追踪和运营管理，从而降本增效的诉求。该平台的经济、社会效益突出，主要体现在以下几个方面：

第一，通过上链的数据，实时交换供应链事件和文档，实现地图导航、可视化展示、智能预警等功能，进而帮助每个参与者实时监控数以万计的集装箱记录、跟踪货物在供应链中的进度，进行更高效的物流运营管理，保证商品质量。

第二，因为具有区块链分布式存储、共识算法等特征，所以，运输的全过程记录无法篡改，保障了航运物流数据的安全和隐私；出现问题时，电子存证能为参与方提供可靠的电子证据，提高取证效率，利于解决海运纠纷，并为市场监督部门提供可靠的监督途径。

第三，区块链能从根本上降本增效。一方面，将冗余纸质单证数字化，减少人工操作，极大地降低了双方交易的响应延迟。另一方面，通过智能合约订单，流转过程实现最大程度的自动化，提高整体的运作效率，大大缩短货物在海运过程中所花的时间，有利于企业改善库存管理，减少浪费，从而为消费者提供更优质、更优价的产品，提高行业竞争力。

第四，具有极高的社会价值。去中心化机制解决多元主体不信任的问题，实现高效协同，重构国际贸易产业链模式，为中国航运企业的商业模式创新提供了良好的借鉴，助力中国企业更好地“走出去”，并在国际竞争中“弯道超车”。

2. 知识产权

互联网的到来助力了人们对于数字作品的需求和利用，同时也使得非法复制和使用极其泛滥，由于非法方式灵活多变、传播渠道广的原因，导致了盗版率的显著提高，侵权破坏力明显增大。传统的版权登记呈现出如下明显缺点：第一，时间和费用成本较高；第二，需要借助传统权威机构，且登记效果易受到中间平台信任度变动的影响；第三，版权机构只限于形式的审查，法律证明力度不够理想。

（1）基于区块链的知识产权融资

区块链技术的核心技术特征在知识产权保护结构性问题上所提供的思路和尝试，尤为值得我们进一步关注。区块链去中心化、成本低廉有利于降低版权保护的管理成本；难以篡改、透明性强有利于解决版权登记及举证难题；扩展性大、灵活性强有利于满足数字版权的交易需求；商业模式的创新、支付意愿的增强，有利于培养网民的版权意识。例如 2019 年 11 月 27 日，央行和成都市政府共同成立的基于区块链技术的知识产权的融资服务平台，包含准入管理、评估管理、运营监管、融资管理等功能，就利用了区块链为知识产权交易各方创建一个可信任的交易环境，为知识产权的保护提供了新的方向。

（2）基于区块链的数字版权交易

智能硬件的不断更新迭代使得数字出版逐渐取代纸质出版成为市场主流，其具备数据量大、传播迅速、互动性强、低价环保等优势。当前数字版权的交易、分销的巨大市场正在疯狂扩张，然而数字作品的版权除了确权难、收益难、维权难等问题外，还存在着版权在实际分销中难以量化、分发的窘境[11]。

区块链具有智能、真实、不可篡改的特性，可以有效地完善数字版权的保护。通过区块链实现版权内容的登记、交易、授权分发以及监控报警，能够更好地对版权进行保护，让内容生产者利用版权内容科学、便捷地赚取收益。

技术革新通常会推动产业革新。便捷的确权、用权、维权，所获得的效果并不仅仅体现在确权方便，用权可靠，维权有效。当版权服务得到了整体性的优化提升，最终将使整个社会的版权保护服务的意识、能力和态度呈现一种链式反应，促进整个版权生态的不断健全。

3. 电子政务

更快、更多地归集数据和共享数据，让群众少“跑腿”已成共识，当企业需要政府部门把数据“共享”出来，有人问：这有没有规章可依？怎么能确保共享的数据不被企业滥用？

针对以上问题，清华大学公共管理学院教授孟庆国在接受新华网采访时说，智能合约技术、区块链技术或许是一个解决方案，通过智能合约明晰数据的归属方、使用方和共享交换部门的数据权责，使用区块链技术记录和存储数据交换过程，其中政务服务数据管理部门充当审批、调度、协调、仲裁的角色，对不按照规则存储、维护和使用数据的部门进行责任追溯。

随着区块链技术的发展，“区块链+政务服务”的电子政务服务模式开始逐步得到应用，“区块链+政务服务”服务模式以区块链和大数据为重要抓手，解决了数据开放共享所伴生的信息安全问题，区块链技术的实现可以帮助各部门各节点去中心化地信息共享，消除社会大众对隐私泄露的担忧，在提高政府治理能力的同时，确保公民的个人数据不被滥用、公民的合法利益得到保障，每个人都能掌握自己的信息所有权，能够实现在发展的同时保证安全。区块链在电子政务中的应用主要有5个方面：身份认证、征信管理、信息共享、溯源监管、档案管理。

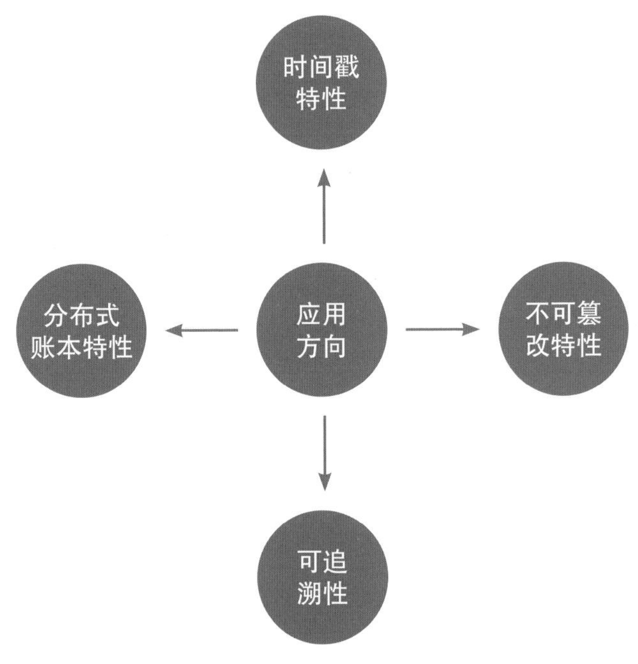

图3-3　区块链+政务服务

（1）基于区块链的电子证照共享

传统电子证照狭义理解为加盖了加密和防伪机制数字签章的证件

和照片的电子版。在现实工作中，电子证照库建设面临诸多难点，如无法保证电子证照的法律的有效性和可信度，数字证书和电子签章没有统一的标准等。

区块链电子证照技术从区块链真实、安全、平等、高效的四个思想特性出发，应用不可篡改、公私钥、分布式、智能合约这四个主要技术特性，将电子证照颗粒化和去中心化。基于区块链技术，电子证照的内涵得到了极大的延伸。从传统狭义的电子证件和批文，延伸到了个人 / 企业业务数据、个人 / 企业信用数据等所有审批交易及记录，完美地解决了非对称权限各部门之间基于不同应用需求的应用交互，并且未来可以延伸应用到个人、企业、政府 / 公共事业、智能终端设备之间的所有交易行为数据和虚拟资产数据。

图 3-4　区块链电子证照技术

南京市区块链电子证照共享平台已经对接公安、民政、国土、房产、人社等 49 个政府部门，涵盖全市 25 万企业、830 万自然人的信息。平台可记录数据存储交换全过程并且提供责任追溯功能，方便各单位部门安全便利地共享政务信息，使得南京市政务服务在理念创新、技术创新、机制创新、模式创新方面取得了良好成效，极大提升了政府工作效率，切实降低了群众跑腿次数，并在政务服务一张网、电子购房证明全程网办、房产交易一体化、水电气有线电视在线过户、多规合一行政审批、人才落户在线申请、双公示、电子税票、权力阳光系统建设、智慧公证等业务场景中得到了成功实践，实现了“不见面审批”

和全方位便民服务。

（2）基于区块链的信息共享

区块链具有不可篡改、可溯源、数据加密等特点，这为跨级别、跨部门数据的互联互通的共享提供了一个安全可信任的环境，大大降低了电子政务数据共享的安全风险，同时也提高了政府部门的工作效率。

区块链在信息共享方面具有以下几点优势：

①利用数据的可追溯、不可篡改，实现对数据调用行为的记录，出现数据泄露事件时，能够准确追责；

②允许政府部门对访问方和访问数据进行自主授权，实现数据加密可控，实时共享；

③解决数据孤岛等问题，实现统一平台入口。

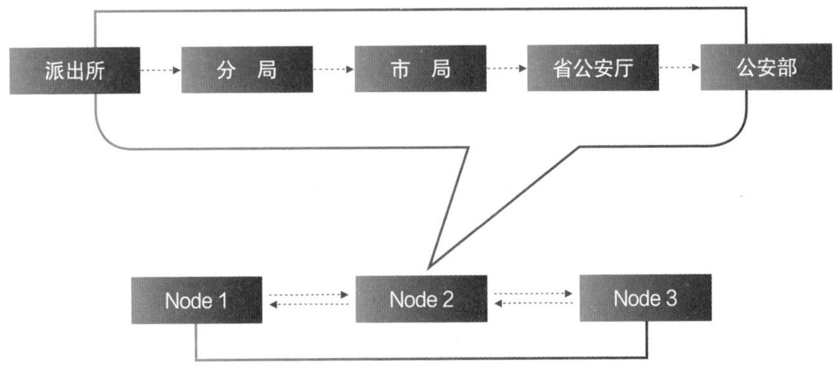

图 3-5　数政链多级权限管理系统

利用区块链技术将政府机构、经济数据、金融交易等多个政务领域结合，从而形成了由政府主导和监管的政务、商业和金融业务的区块链生态系统。

对政府部门、系统、用户等信息进行可信“数字身份”绑定，真正实现跨部门跨机构的数据可信服务；在办事过程中完整记录事项办理过程、材料、审批记录等各种行为，用户一次授权无需反复提交材料，部门机构也无需反复调用和核验，事项办理全程可以溯源并实现政府有效监管，真正达到“一网通办”的政务区块链解决方案，让市民办事更方便，让区块链技术更简明实用，让区块链在各级政府快速推广和应用。

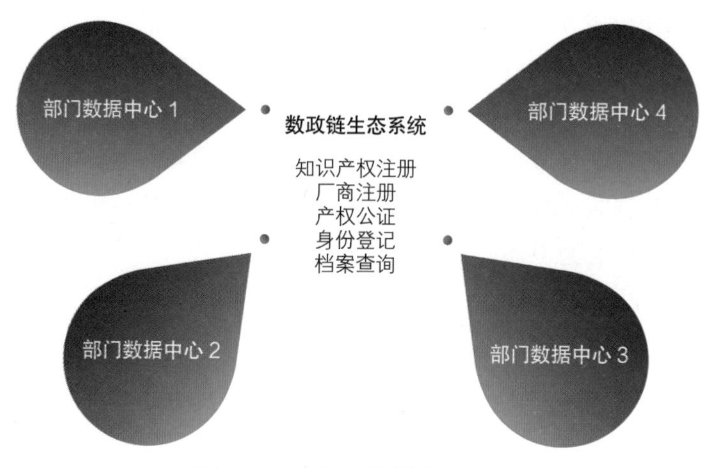

图 3-6　政务区块链生态系统

（3）基于区块链的档案安全存储

利用区块链技术可解决电子档案文件易伪造、易篡改、易删除、难溯源、难校验、难保密等安全存储问题，能满足关联的档案文件在长期存储过程中的安全性和完整性，并且可以对部分保密性档案进行有效加密存储。

利用区块链技术在体系内部形成一个分布式、受监督的档案管理网络，采用联盟链模式来管理，仅允许授权者存储和查看数据，并不会使档案泄露。参与方和需求方均作为参与节点并保存完整的链上档案数据，如此就可以有效解决“信息孤岛”和“安全”问题。

档案具有保密的特点，与区块链实现档案“共享”的精神看似相背离。实际情况是，对于不同类型的档案文件可以用档案加密存储和档案非加密存储等不同的模式来管理，充分发挥其技术优势。

4. 智慧城市

我们从共享经济的角度，来分析区块链对智慧城市建造的影响。同时，结合 5G 技术和新冠疫情展望智慧城市未来的发展趋势[12]。

（1）智慧城市和共享经济

对特定的或有限的部门改进措施不能充分地将一个城市称为“智慧”。一个“智慧”的城市涉及横向累积的要素，包含智慧治理、智慧出行、智慧生活、智慧环境、智慧公民和智慧经济等因素的结合。然而，由于城市生活的空间有限性和人口聚集性，城市自然就以共享经济为设计目标，且共享经济中的消费主要是为分享资源提供途径，而不是占有资产。

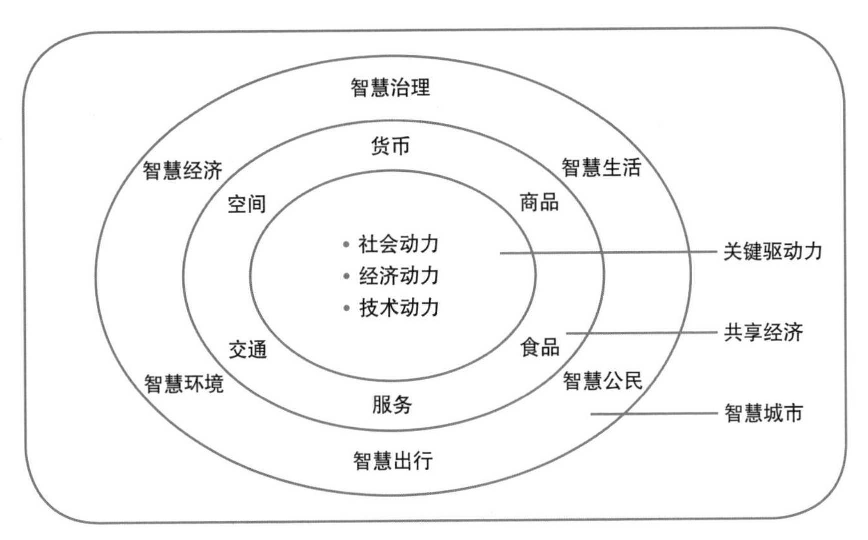

图 3-7 智慧城市和共享经济

图 3-7 展示了共享经济和智慧城市之间的联系。在核心圆中，智慧城市受到社会动力、经济动力和技术动力的推动。在外圈中，智慧城市的最终目标是实现智慧治理、生活、公民、出行、环境和经济。在中环，智慧城市的发展得益于对城市资源使用的改善，例如，城市空间、交通、服务、食品、商品和货币。由于共享经济关系到如何共享城市资源，因此从共享经济的角度研究智慧城市可以帮助我们从资源分配的角度更好地理解智慧城市的扩展。

共享经济可以定义为一种经济或社会模型，广大民众可以利用这种经济社会模型，协同使用未充分利用的资产，在这种模型中，供需相互作用，供方直接提供产品或服务。共享业务的总体目标可以是以营利为导向，也可以是以非营利为导向，目的是改善对未充分利用资产的使用并降低交易成本。

在提高资产利用率，有效减少交易成本和浪费方面，共享经济为智慧城市创造了许多机会。对资产使用的改善带来许多积极的成效，例如，节约能源和减少拥堵。尽管在市场上共享商品和服务已有很长的历史，并且老式的面对面共享仍在世界各地进行，但互联网中介现在可以支持这些交易并实时大规模地匹配供需。在网站上，人们可以找到要住宿的房间，以及使用工具、汽车、自行车和出租车服务。网站作为双向平台，释放了共享闲置资源的内在价值，并提供了许多优势，通过网络效应吸引这两类群体。

共享经济是由数字连接技术驱动的，从即时性角度来说，为创新提供了基础。个人收集的实时信息和知识是解决未充分利用资产的低效使用以及使城市变得“智能”的关键。智慧城市中的市民、物品和公用事业可以通过使用普遍存在的技术无缝连接，从而显著改善有关闲置资产状态和交换的信息共享。通过数字连接，人们可以出租闲置的卧室和地下室，保持停车位充足，在街上骑着一辆闲置自行车，以及与同路的陌生人共乘一辆出租车。

图 3-8　共享车辆

（2）共享经济视角下的智慧城市概念框架

智慧城市基于人、技术和组织，并且它们之间可以存在服务关系。技术的基础是利用信息通信技术以相关的方式改变城市的生活和工作。与此相关的概念包括数字城市、虚拟城市、信息城市、有线城市、无处不在的城市和智慧城市。人员的基础是人、教育、学习和知识，与之相关的概念包括学习城市和知识城市。组织的基础是治理和政策，因为利益相关者和机构政府之间的合作对于设计和实施智慧城市计划非常重要，与之相关的概念包括智能社区、可持续城市和绿色城市。

从共享服务的角度来看，技术对于城市的智慧化至关重要，因为技术基础设施会从根本上显著改变城市中共享资源的方式。技术层面的共享服务强调系统的可访问性和可用性。智能数据库资源收集有关智慧城市资源的信息，智能控制系统以智能方式组织和调度资源，而人们则通过智能界面访问和共享资源。在技术层面，智慧城市也被视为适用于关键基础设施和服务的智能计算技术的集合。从共享服务的角度来看，智慧城市为信息技术系统提供了对城市资源的实时感知，而高级分析则可以帮助人们对替代方案做出更明智的选择，并采取行动来优化未充分利用资产的使用。与技术基础设施相关的其他问题包括技术软件，以及如何安排技术和物理环境。

智慧城市是一种人性化的城市，它提供了多种机会来发挥其人类潜能并帮助人们过上有创意的生活。信任是挑战智慧城市共享经济的最重要因素。共享意味着把东西分给相对陌生的人，因此，信任在支持人员和服务以克服决策时对不确定性和风险的感知方面起着重要作用。信任的总体目标是确保用户对共享服务提供商和其他资产用户的可靠性抱有信心，并在使用或交易期间建立安全感。除了安全感，隐私性是共享经济中信任的另一个方面。

智慧城市的组织侧重于政府支持和治理政策，包括智慧社区、智慧政府、综合透明的治理、网络和伙伴关系等各种要素。在治理中考虑利益相关者是智慧城市架构的基础。政府不仅是简单地管理经济和社会体系的产出，它还与公民、社区和企业等利益相关者动态互联。

（3）三角框架：区块链对智慧城市的贡献

以服务导向的三角框架是基于区块链共享服务的管理和计算特征。在人、技术和组织之间共有六种类型的服务关系。如图 3-9 所示，每个箭头都表示一种服务关系，基于区块链共享服务的管理主要处理涉及人的关系，而基于区块链共享服务的计算主要处理涉及技术的关系。

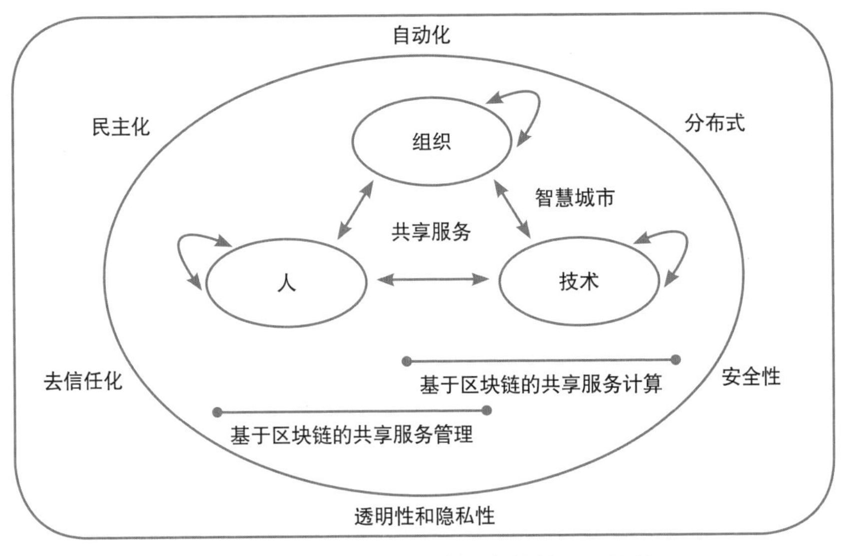

图 3-9　基于区块链共享服务的管理和计算

在基于区块链的方法中，去信任化是人们关系的主要特征。《经济学人》将区块链描述为“信任机器”，表明它解决了个人之间的信任问题。换句话说，建立在区块链技术基础上的经济体系在没有人的情况下运行，从而使交易“去信任化”。从历史上看，信任是业务的基础，通常涉及昂贵的可靠第三方。区块链技术为消除中介机构提供了可行的替代方案，从而降低了运营成本并提高了共享服务的效率。借助区块链技术，可以重新构想世界上最基本的商业互动；在去信任化共享服务中发明新型数字交互方式的大门已经打开。

人们在区块链业务服务中去信任化的动态是基于人与技术之间服务关系的透明性和隐私性。区块链技术使人们能够访问他们进行的每笔交易的记录，因为它永久记录了区块链每个节点上的交易历史。此外，使用公钥和私钥（即人们无法读取的长字符串）记录区块链交易。因此，人们可以选择匿名以保护自己的隐私，同时第三方能够验证其身份。由于基于区块链的系统信任模型发生变化，基于区块链的共享服务中人与组织之间的服务关系变得民主化。在基于区块链的共享服务中，信任不在个人，而是分布在整个人群中。

基于区块链共享服务的自动化是组织之间服务关系的最显著特征。基于去信任化和民主化的特征，区块链技术使与陌生人的业务交易成为可能，而无需信任的中介。同时，软件可以使大部分交易过程自动化，从而无需人为干预即可执行合同承诺。在基于区块链的业务服务中开展业务的自动化引起了各个行业的极大兴趣。

在基于区块链共享服务的计算中，诸如智能化、分布式、安全性、共享性和加密化之类的元素为去信任化、自动化、透明性和隐私性奠定了基础。基于区块链的共享服务的计算支持业务交易和服务的自动化。借助区块链技术，物联网设备可以参与去信任化交易，并且可以在计算代码中捕获合同以自动履行各方在协议中承诺的义务。在一个情景化的智能合约网络中，可以设置软件代理来动态管理每个分布式自治组织，将网络中的物理节点（例如计算机、智能手机和传感器）连接到设备（例如智能电视、冰箱和汽车）。从长远来看，基于区块链共享服务的计算，再加上由互联网和代理人网络，智能交易和合同构成的高效物联网，将使共享业务自动化。

技术与组织之间的服务关系中的分布式性质是基于区块链共享服务计算的重要方面。分布式计算和分布式算法允许区块链中的节点达成共识。在分布式系统中，不同的节点需要证明它们正在朝着相同的目标努力并确保一致性。比特币创造者中本聪提出了工作量证明机制，该机制可在重复运行哈希算法以验证电子交易或所谓的比特币挖矿的过程中创建分布式共识。IBM 采用分布式计算来处理每天发生的数千亿次物联网交易可以显著降低与安装和维护大量集中式数据相关的成本。

基于区块链服务计算中的安全性是去信任化共享服务的重要基础。安全包括保密性、完整性和可用性。随着区块链的去中心化，区块链数据的可用性不再依赖任何第三方。有了私钥和公钥密码学（区块链底层协议的一部分），保密性几乎无可争议。由于可以将区块链视为分布式文件系统，参与者可以保留文件副本并就共识达成一致意见，因此可以确保完整性，基于区块链的服务计算的可持续性和安全性也在不断提高。比特币和以太坊等基于区块链的应用的历史证明了基于区块链服务计算的安全性的可持续发展和持续改进。

（4）“区块链 + 智慧城市”在我国的落地应用

智慧城市建设的本质是城市数据的获取、交换、共享和处理，而如何在信息流通的过程中保障其隐私性和安全性是一个亟待解决的问题。区块链技术作为智慧城市的基础设施，凭借自身技术特点重塑社会信任，有效地解决对等多实体共享信任问题，促进城市透明、可信、安全、高效地运转。智慧城市顶层设计将智慧城市一级业务划分为民生服务、城市治理、产业经济、生态宜居四大类。

区块链技术在民生服务领域中的应用场景涉及智慧教育和智慧医疗。智慧教育可利用区块链分布式账本技术，将学校和教育机构的教育数据存储在不同区块中，链上的节点通过特定的协议实现数据资源的授权共享，解决教育领域的数据孤岛问题，提高社会的教育水平。在智慧医疗中，区块链技术可通过时间戳溯源技术，对医疗信息的全生命周期进行跟踪定位，保证来源可靠可查，便于追责；同时区块链去中心化、防篡改的技术可保证医疗信息数据的存储安全，匿名性的特点确保数据在分享过程中不存在泄露的风险，最大程度上保护了病人的隐私。

区块链技术在城市治理领域中的应用场景涉及智慧政务和智慧交通，电子政务建设工作的推进带来了数据安全与信息泄露等问题。在智慧交通方面，物联网设备可以实时获取城市内部的道路、交通信息，区块链技术则可以将这些设备进行低成本的连接，实现跨系统的数据传输，反映城市道路的实时状况，提高城市交通网络的整体运行效率、降低运行成本。

区块链技术在产业经济领域中的应用场景涉及智慧物联网和智慧工业。传统物联网设备存在网络端口不安全、信息传输不加密等问题，极易受到攻击，区块链技术分布式存储的共识机制、不对称加密算法，都可减小其被攻击的概率。

区块链技术在生态宜居领域中的应用场景主要是智慧新零售。企业物流通关成本的降低和效率的提高，是企业提升核心竞争力的根本动力。

5. 科技金融

区块链技术具有不可篡改、去中心化、去信任化、可追溯、可编程智能合约等显著特点，这些特点可以很好地解决当前金融领域存在的部分痛点。在金融活动中相关方可以将各自相关的数据上传至某个特定类型区块链上，从而实现信息分享，避免信息孤岛问题，也可以减少金融机构搜索数据以及分析数据的成本；区块链技术的不可篡改性、可追溯性可以有效防止金融交易数据被篡改，使得交易数据的真实性、可靠性得到保障，同时交易的双方在很多时候不必借助第三方来完成数据真实性的验证工作，提高了交易效率；区块链智能合约可以根据事先约定的条件来实现业务的自动执行，在一定程度上解决了金融履约风险问题。目前区块链在金融方面的应用已经囊括银行、证券、保险、基金等各个领域，主要涉及征信、信用证、资产证券化、供应链金融、清结算、资产托管、金融监管、审计、票据、保险、贸易金融等方面。

（1）基于区块链的普惠金融

普惠金融是指立足于机会平等要求和商业可持续原则，以可负担的成本为有金融服务需求的社会各阶层和群体提供适当有效的金融服务。普惠金融最早由联合国在2005年提出，认为其服务人群应当包括社会不同阶层和群体，这一概念提出后受到了国际社会的普遍重视，在普惠金融的发展过程中，各类金融机构、机关单位一直努力紧跟时代发展趋势，将普惠金融与新兴的科学技术相结合，推动普惠金融能够更快更好发展。在我国现阶段，小微企业、农民、城镇低收入人群、贫困人群和残疾人、老年人等特殊群体是当前普惠金融的重点服务对象。提升金融服务的覆盖率、可得性和满意度是普惠金融的主要目标。

第一，区块链技术与普惠金融“难以普及”问题的契合。普惠金融的目标群体所在地域普遍较为偏僻，且收入较低，教育知识水平不高，抗风险能力很差，这就决定了这类人群对于金融服务的认知不足，且在一定程度上有排斥情绪；金融基础设施建设有待加强；在很多偏远的贫困地区，金融服务覆盖有限，金融机构及其网点仍未覆盖到。此外，空白信用记录与无法享受金融服务之间容易导致恶性循环，而区块链技术的介入能够有效改善这些情况。区块链技术建立了 Peer to Peer 的网络模式，使得任意两个节点之间能够直接进行交易，无需任何第三方的支持，免去信息层层转手，提高效率降低成本。同时这些点对点的分布式技术使得金融活动的参与门槛降低，使金融服务的覆盖范围越来越大，打破了原有的地域空间上的限制，向偏远地区逐步渗透，使那些受到金融排斥的边缘群体也能享受金融服务，提高金融普及度。

第二，区块链技术与普惠金融“难以惠及”问题的契合。普惠金融领域信息不对称现象较为突出，为搜集信息、验证信息真实性以及跟踪信息导致直接成本的增加，普惠金融要提供有效的金融服务，既要致力于“普”，又要注重“惠”。普惠金融的目标群体具有地域上不集中、资金需求小额多次化、信用记录空缺不足、抵押品质量参差不齐等特征，致使金融服务成本偏高。区块链技术结合大数据、人工智能等技术，将所有发生在链上的交易全部记录下来并在全网范围内进行传播，凭借其所独有的分布式记账、共识性等特点，确保了信息记录的真实性和有效性。如此一来省去了信息核实的步骤，避免资源浪费。区块链技术有效解决了信任问题，使得金融服务能够惠及更多的中低端客户。

第三，区块链技术与实现普惠金融商业可持续性难点的契合。普惠金融不是财政补贴，不是慈善活动，也不是福利措施，其本质仍是金融，立足于商业可持续原则。一方面，一些正规机构或是企业的风险控制成本偏高，所得收益服务直接覆盖成本，这就严重影响到了这些机构或者企业的持续发展；另一方面，一些机构或企业缺乏完善的经营体系，风险防控工作不到位，这些经营模式是不具有可持续性的。区块链技术为信息数字化提供了渠道，届时个人信用信息将不仅仅来源于金融机构，而是源于生活的各个方面，这就显著减少了信用空白情况，提高风险可控度。此外，基于区块链技术的智能合约的构建，在一定程度上降低了经营的不确定性，有利于规避风险，提高可持续性。

房产按揭贷款：借助区块链的存证机制可实现数据访问授权、征信授权，实现个人的二手房按揭的申请填报、产品浏览、贷款申请审批以及审批状态跟踪等业务功能，尽量减少个人上门次数，提高各参与方按揭贷款业务的业务处理效率。

信用贷款：通过区块链平台形成与保险公司的安全、可信、稳定业务流转与数据通道，实现数据访问授权、征信授权、实现在线保险产品的申请填报、产品浏览、申请审批以及状态跟踪等业务功能，减少个人上门次数，提高各参与方保险业务的处理效率。

普惠金融平台将成为政务服务向社会化服务公开的一个可信通道，并逐步成为涵盖财政、金融监管、银行、保险、证券、基金等金融机构、服务机构之间互相认可的安全可靠的沟通渠道，大幅提升了金融服务的精准性和可获得性，如图 3-10 所示。

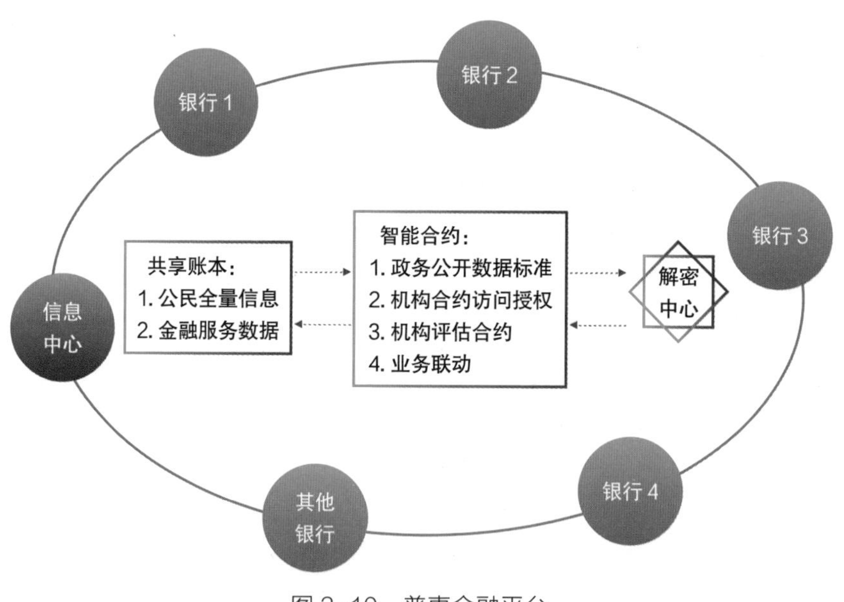

图 3-10　普惠金融平台

（2）基于区块链的数字票据

与现有电子票据体系的技术支撑架构不同，使用区块链技术管理的数字票据在现有电子票据的所有功能和优点的基础上，进一步融合区块链技术的优势，成了一种更安全、更智能、更便捷的票据形态。数字票据主要具有以下核心优势：一是可实现票据价值传递的去中心化。在传统票据交易中，往往需要由票据交易中心进行交易信息的转发和管理；而借助区块链技术，则可实现点对点交易，有效去除票据交易中心角色。二是能够有效防范票据市场风险。区块链由于具有不可篡改的时间戳和全网公开的特性，一旦交易完成，将不会存在赖账现象，从而避免了纸票“一票多卖”、电票打款背书不同步的问题。三是系统的搭建、维护及数据存储可以大大降低成本。采用区块链技术框架不需要中心服务器，可以节省系统开发及后期维护的成本，并且大大减少了系统中心化带来的运营风险和操作风险。

以往，由于银行间跨行贴现业务的客户信息及业务资料无法快速、高效、安全传输，使得跨行贴现业务很难推广。基于区块链的票据跨行贴现平台，可以解决传统业务模式中持票客户的身份认证问题、客户信息健全问题以及企业与银行间、银行与银行间的信息信任等问题，如图 3-11 所示。

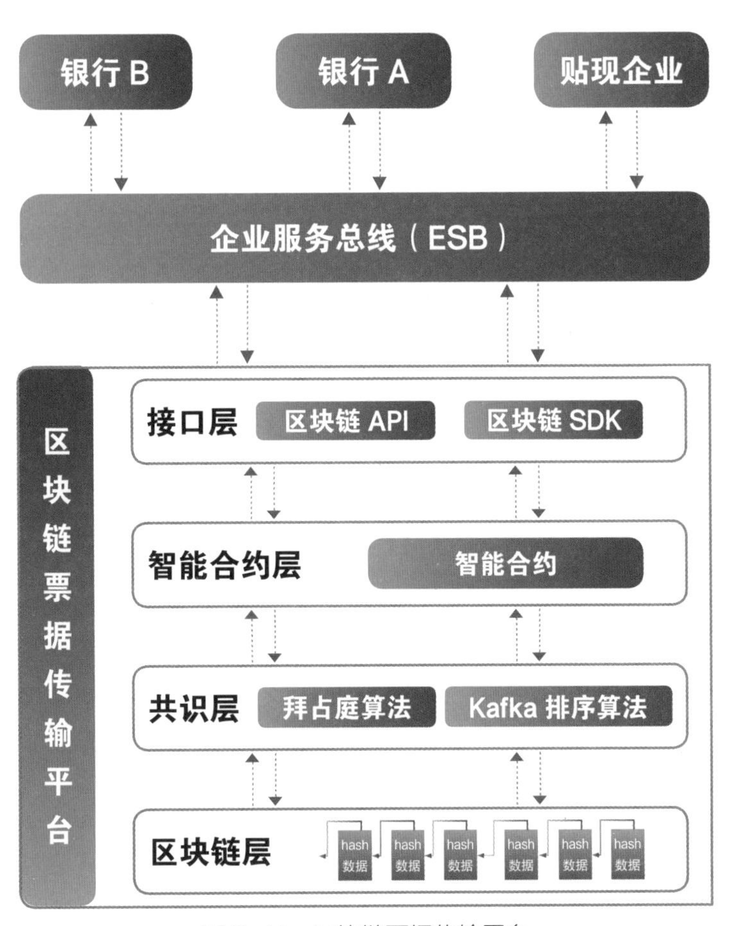

图 3-11　区块链票据传输平台

（3）基于区块链的贸易金融

近年来，福费廷（Forfaiting，即未偿债务买卖）同业间合作愈发紧密，但相关的询价、报价、电文传递、单据传输等仍依赖电话、传真、邮件等传统方式，效率较低、安全性不高、操作风险较大。区块链分布式记账、点对点传输、加密算法、交易共识可追溯等机制，可以将福费廷买入行、卖出行有机连接在一起，实现交易在线撮合、流程在线操作、电文和单据在线传输，时效性、安全性、便捷性得到大幅提升，真正发挥了区块链公开透明、同步互信的优势。

区块链技术支持多方参与、交易可追溯、数据安全保密的巧妙设计，使彼此之间的信任关系变得简单，其技术特点与贸易金融应用场景深度契合，解决了贸易金融领域一直以来难以解决的业务痛点问题：参与方众多、业务资料繁杂、单据流转通道不统一、交易参与方之间信任问题等。在保理业务领域，区块链贸易金融平台将基础贸易的双方同时纳入，并通过智能合约技术实现了对合格应收账款的自动识别和受让，全程交易达到可视化、可追溯，有效解决了保理业务发展中面临的报文传输烦琐、确权流程复杂等操作问题，对防范传统贸易融资中的欺诈风险、提升客户体验具有重大且积极的意义，如图 3-12 所示。

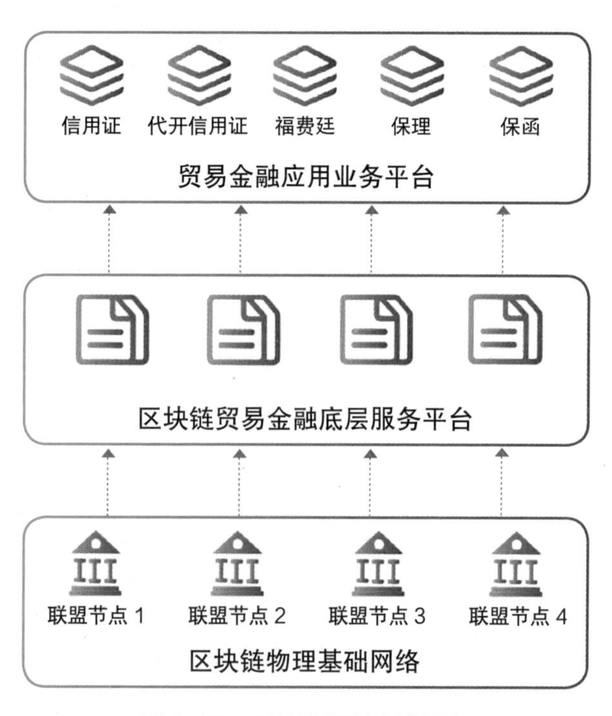

图 3-12　区块链贸易金融平台

基于区块链的国内信用证信息传输系统（BlockChain based Letter of CreditSystem, 简称 BCLC）如图 3-13 所示。通过区块链技术应用在国内信用证业务，使银行传统信用证业务模式带来创新变化，信用证的开立、通知、交单、承兑报文、付款报文各个环节均通过区块链系统实施，缩短了信用证及单据传输的时间，报文传输时间可达秒级，大幅提高了信用证业务处理效率，同时利用区块链的防篡改特性提高了信用证业务的安全性，实现了严格合规、无需第三方、实时开证、全程加密的国内信用证线上开证、通知、交单、到单、承兑、付款、闭卷等功能。信息传递方面，区块链国内信用证联盟链上的成员能够收取联盟链内开证单据，无需加入 SWIFT 或手工核押，有效解决银行外部信息交互难题。流通性方面，联盟链上各行开立的国内信用证互认，拓宽了融资转让渠道。业务处理方面，单据电子化上传能够加快业务流程，审核信息的自动校验，减少操作风险。用户体验方面，区块链的防篡改特性提高了信用证业务的安全性,极大提升了用户体验，增强了联盟行的获客能力。

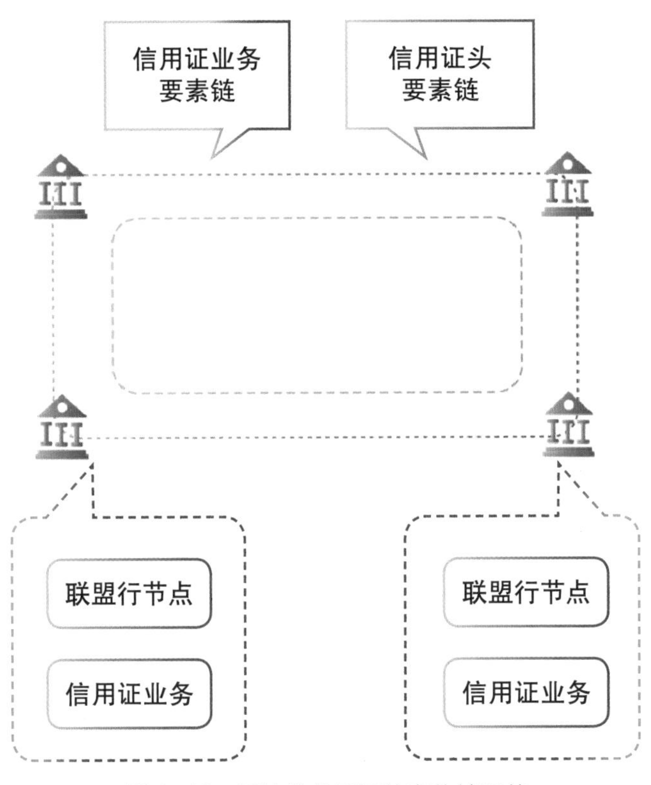

图 3-13　区块链信用证信息传输系统

（4）基于区块链的信用征信

黑名单是信用记录中存在严重负面信用行为的个人或法人名单，通常存放于各类放贷金融机构、信用卡、企业征信机构等。由于大多数机构的黑名单是不对外公开的，有信用问题的用户可在不同机构进行借贷而不会被及时发现，从而给金融机构带来难以避免的损失[13]。

而黑名单数据不属于官方征信数据，目前仅有一些民间机构进行收集、整合并高价出售，这种中心化的共享方式就导致了金融机构的风控成本过高，且数据更新不及时。此外，数据的安全性也严重依赖于中心化运营机构的安全防护措施。

基于区块链技术，对接各个联盟机构黑名单业务系统可建立联盟机构黑名单共享平台，如图3-14所示。采用积分链和数据链双链架构，上传黑名单可获得积分奖励，查询黑名单数据需要支付积分。将分散在各个征信机构间的黑名单数据整合在一起实现数据共享，建立良性循环实现系统自治，实现了去中心化的数据共享和存储方案：

黑名单共享的参与方组成区块链联盟，黑名单信息仅在联盟内部共享，解决信息公开的范围问题；

区块链联盟内部，参与方独立部署节点接入区块链网络，将相关黑名单信息在本地保存，同时通过智能合约与网络内其他节点共享，解决信息孤岛问题；

参与方分享黑名单数据时，采用一次一密的加密技术，实现匿名且安全的数据共享模式，保护用户的隐私和商业机密，解决信息共享的安全与隐私问题。

通过上述方案，苏宁金融区块链黑名单共享平台有效解决了黑名单获取的数据不公开、不集中且获取成本高等关键问题，为金融用户共享数据和金融机构提高风控能力提供了一种全新的解决途径。

这种方案带来的好处主要有以下三个方面：成本低，对现有系统改造小、平台布设成本低，并且降低金融机构维护成本；更安全，数据脱敏处理，机构间匿名交易，一次一密；更高效，数据实时同步，黑名单数据更新时效高，数据可用性高；系统提供通用的API服务，可以对接各种银行和征信机构的应用系统。

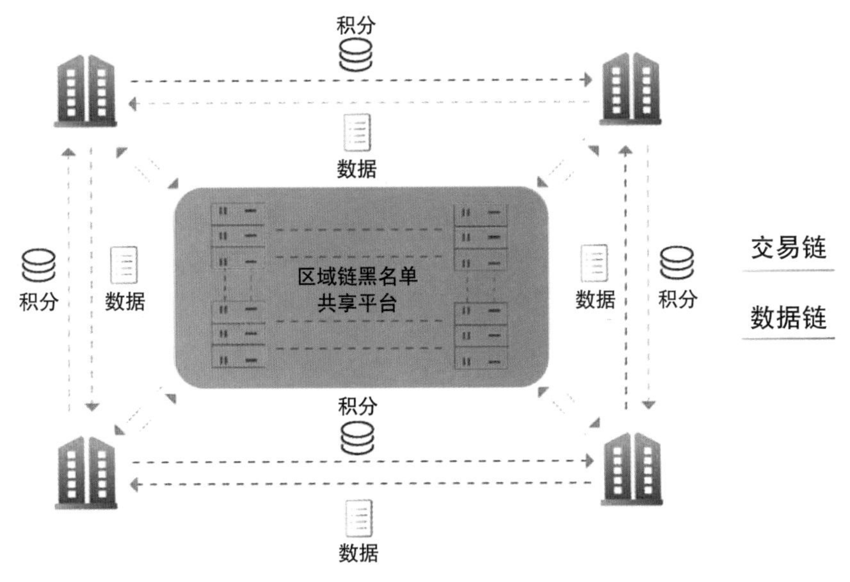

图 3-14　区块链黑名单共享平台

（5）基于区块链的供应链金融

供应链金融是指金融机构基于产业链中的核心企业，掌握上下游企业的信息流、物流、商品流通等信息，并通过这些信息建立一套征信体系，将单个企业不可控的风险转变为整个产业链可控的风险，是解决上下游企业融资难的主要途径。

基于区块链的应收账款票据化融资平台，围绕核心企业及上下游多级供应链企业，打造全新供应链金融生态体系。通过区块链技术可追溯特性，以核心企业为授信主体，建立以各级供应商为融资对象的供应链生态模式。使用交叉验证的方式保证交易真实性，利用区块链不可篡改的特性保证应收账款的真实存在。将应收账款票据化、数字化，利用区块链上的资产可追溯特性拆分并流转应收账款，使票据化的应收账款能够流传到供应链末端。最后通过对拆分后的应收账款进行保理，完成利用核心企业的授信度为供应链上的中小微企业融资的目的。

该模式利用区块链技术解决了传统应收账款供应链金融面临的信用无法传递、账款无法拆分等问题，将基于主体信用的融资模式变为基于交易真实的融资模式，扩展了资金方的业务模式，也让广大中小微企业获得融资机会。

6. 农业溯源

我国社会主要矛盾已经转化为人民日益增长的美好生活需要和不平衡不充分发展之间的矛盾。生活水平的提高带来了对商品质量更高的要求，人们在挑选商品的时候不仅关注商品的外观质量，还关注商品的原产地、加工过程等内在质量，这为商品溯源行业带来了巨大的市场空间。目前在生鲜超市中，可以看到大量提供了溯源功能的肉、蛋、奶、蔬菜等产品。通过扫描产品上的二维码，即可查看产品的生产日期、生产地点、加工地点等产品全流程的信息。在电子设备及其他产品中，防伪溯源功能也逐渐成为商品的标配功能。未来随着人民生活水平的进一步提高，溯源功能将会向着深入化、定制化的方向发展，产生更大的市场空间。

随着信息技术和现代农业技术的不断发展，农业信息化成为农业产业发展的重要组成部分，云计算、互联网、物联网、区块链等新一代信息技术也被逐渐应用于农业生产的各个方面。传统中心化溯源系统需要使用具有公信力的工具对溯源对象进行真伪辨别。防伪标签不能物理地捆绑产品，同时普通标签可以很容易地被复制。溯源信任感需要对全产业链关键环节进行追溯，例如，为了对品牌农产品进行溯源，如果能将农产品产业链中种植生产环节、相关生产和销售环节的关键细节数据等进行如实记录，对于提高追踪溯源可信度具有重要作用。但是，传统中心化溯源信息信任感缺失，无多方参与验证，导致信任背书主体信任感不足；传统溯源系统是中心化系统，中心化集中式溯源系统数据极有可能遭受来自人为恶意的修改或者操作，在传统的验证中心化模式下，数据存储在各自不同的平台上，容易被篡改，导致真假难辨，进而威胁到整个溯源系统数据的真实性，影响后续防伪验证环节的用户体验。

鉴于中心化溯源系统缺乏追踪溯源信任感的问题，区块链技术能够为整个行业带来信息技术的革新，无论是农业金融、农业保险、农产品质量安全追溯，还是农业生产过程管控，都将成为区块链技术的重要应用场景。

区块链技术能够在农产品追溯、农业生产过程管控、农业金融和农业保险等领域起到重要作用，依靠去中心化、数据不可篡改等特点，提升农业生产管理水平，保障农产品质量安全，构建良好的社会诚信体系，培育名特优新农产品品牌，打造农业信息化标准规范，并将诚信、安全、健康等理念深入传递到每一个农业从业者，共同推动我国现代农业健康发展。

图 3-15　牛奶溯源

具体包括以下方面：

第一，将区块链技术和智慧农业生产过程管控技术结合，核心聚焦农产品的质量安全管控过程，以农业农村部标准规范为基础，帮助农业企业实现兼具信息智能化、操作人性化的企业全供应链环节管理，有效提升企业工作效率，解决规范化农事操作落实过程困难的问题。通过信息化、全面化的管控方式，不断提升农产品的成品质量与市场竞争力。

第二，利用移动互联网、物联网、区块链等技术，实现农业生产环境数据、生产加工图像和视频数据等信息的采集，并实时上链，确保数据真实可靠、不可篡改，提高追溯信息的完整性和可信度，为农产品质量安全提供保障，为农产品品牌深度赋能。

第三，通过区块链技术，对农业金融贷款模式进行升级，简化贷款数据采集流程，提高数据真实性和可靠性，优化信用评估模式，改善贷款审核机制，实现信用体系的共享，推动和加快农业金融贷款业务的健康增长。同时，针对农业保险存在的问题，通过区块链技术对农产品生长信息、产出品信息等进行管理，能够简化保险赔付流程，降低风险评估成本，减少骗保风险。

（1）农业数据存取、共享与交换

农业数据是各类农业相关应用的基础，各级农业管理部门、农业协会、农产品交易市场、流通渠道、加工厂等都需要便捷的数据存取技术，再加上农业涉及多方协作，因此更需要有效的数据共享和交换平台。区块链作为数据存取和控制平台，正好可以为农业提供数据管理支持，用户可以在不同的地理区域、不同的流程环节获取数据服务。同时，国家还可以以区块链为基础创建激励系统，鼓励农业数据的流动性和数据生产者提供数据的积极性。

（2）农业传感

农业传感技术是现代化农业的重要基础设施，涉及传感器、传感器网络、物联网技术等。农业传感技术能帮助用户及时获取农业信息，包括农产品种植数据（面积、种类）、天气数据、动植物生长状态数据、农产品质量测定、农业控制信息传递等，是农业智能中的重要组成部分。与农业相关的传感器可以通过区块链网络进行管理和信息共享，相关的农作物现场控制的信息也可以依托区块链网络进行传递，并通过物联网技术对农作物现场实施分布式管理。

（3）农业产品流通

农产品的流通是农业生态系统的关键环节，是实现农产品价值的渠道。农产品流通效率关系到农业生产者的收益，也关系到终端消费者的生活质量。流通环节涉及多个中间商，包括物流、批发、深加工、包装、零售等。应用区块链可以实现农产品的溯源、物流追踪信息多方共享，可以为政府部门、利益相关方以及终端消费者提供决策支持和信息参考，同时也为流通环节上的各方协作协同提供保障，有助于提高整个流通供应链的效率。

（4）农业小额贷款

农业小额贷款是“普惠金融”的重要部分。农业小额贷款能帮助农户解决农业生产各个环节中的资金周转难题，有助于打造健康的农业生态系统。农业小额贷款需要解决的具体问题包括农户身份验证、贷款及抵押品信息更新和审批、还款监控等。区块链可以为其中的多个问题提供智能化解决方案，通过分布式账本对农业小额贷款全程提供支持，为各利益相关方参与整个流程提供便利，助力智能化农业小额贷款。

（5）精准扶贫

精准扶贫是“三农”问题的重要解决措施之一。如何准确地识别扶贫对象、制定针对性的扶贫措施、提供针对性的扶贫行动、追踪扶贫效果是精准扶贫中需要解决的问题。区块链技术的应用可以协助打造智能化精准扶贫。通过区块链技术，扶贫对象的资料可以实现分布式存取，资金提供方可以实时查看扶贫对象的最新资料和扶贫进度，还可使用智能合约监管还款和后续贷款行为；扶贫工作中的相关各方也可以通过区块链实现无缝协作；在智能合约的基础上，还可以实现按项目扶贫；另外还可以根据扶贫对象的信用记录提供定制化的激励措施。

（6）区块链大农场

区块链大农场实现农产品端到端全生命周期溯源与品质保障。利用区块链技术可解决食品供应链不透明的问题，提高数据造价成本，加强从农田到餐桌全过程监管，重塑消费者对食品行业的信任；从企业角度看，能加强供应链管理，树立良好品牌形象，从而提高单品价格。不仅如此，通过“区块链 + 农业”战略对生产、流通、经营、金融服务等产业链环节进行深度改造，提升了农业运营效率和质量，创新业务模式，促进企业数字化转型升级。

通过区块链可以做到产品从产地到零售店的全程可溯源，提高农业供应链的透明度。消费者会对所购买的产品更加信任，同时，这也是对那些用心种植农作物的农民的一种回馈，一种奖励。这最终将引导可持续的耕作方式和负责任的消费。

7. 司法存证

目前在司法实践中，随着数字经济的高速发展，证据的种类正逐步从物证时代进入到电子证据时代。公安机关在执法办案过程中会对涉及案件的计算机、手机及其他电子设备进行取证，这些证据以电子数据的形式存储在相关介质中。当后续案件移交给检察机关进行起诉及法院审判时，该电子证据主要通过人工拷贝复制的方式将该数据提交给检察院和法院。由于电子证据是通过介质进行保存的可擦写的数据，当对电子证据进行存储、传输或者使用时，极易受到外界的影响或者破坏，比如对电子证据的剪辑、篡改、删除等。电子证据一旦遭到破坏，如果没有可以比照的副本数据，就难以恢复。

利用区块链技术，各个参与主体产生的交易数据会被打包成一个数据区块，数据区块按照时间顺序依次排列，形成数据区块的链条，各个参与主体拥有同样的数据链条，且无法单方面篡改，任何信息的修改只有经过约定比例的主体同意方可进行，并且只能添加新的信息，无法删除或修改旧的信息，从而实现多主体间的信息共享和一致决策，确保各主体身份和主体间交易信息的不可篡改、公开透明。正因具有这些技术特性，所以非常合适应用于存证领域。区块链存证过程主要是将需要进行证据保全的数据（包括视频、音频、图片、文字等）存到区块链上，达到防篡改、可追溯、数据来源可信任的目的。为了实现快速交易，一般情况下，采用链上链下协同工作，采用文件与哈希值分离的方式，链上只保存文件的哈希值，原文件保存在链下。只要计算出文件的哈希值，与链上的哈希值比对，就知道文件是否被篡改了。

8. 财务审计

区块链审计主要分为两种，第一种是对基于区块链构建的数字货币体系的审计；第二种是将区块链技术应用于传统审计当中。前者是在数字货币领域内，利用区块链技术的“时间戳”实现会计记账的“三式记账法”，后者指创新性地将区块链技术应用于审计平台设计当中，从而解决传统审计痛点，提高审计效率和效果。

区块链应用于审计领域的主要形式是构建基于区块链的审计平台，并将会计记录与审计流程统一在同一系统中，以保证上链信息真实可信，进而提高随后的一系列审计流程效率。加密技术和隐私保护技术可以实现数据流通过程中的脱敏，使得数据可以在保密的前提下，对等地分布式存储在各个节点中，从而保证初始会计信息与核算结果从上链开始就真实可信且不会被篡改。这将有效降低会计造假的可能性，提高审计数据来源的可信度。同时智能合约技术能够促进数据共享流通模式的流程化、标准化，并杜绝人为因素的影响，提供更加精确公允的自动化处理结果。基于非对称加密技术的权限管理，可以在数据共享时更好地划分角色，实现对数据流通精细化的管理，从而解决审计对象不愿提供机密数据的问题，有效打破“数据孤岛”，保障数据真实，实现数据确权，快速完成数据的汇集和流通，提高审计效率和质量。

传统审计是事后审计、抽样审计、线下审计、人工审计。企事业单位的审计工作主要在年末分别由会计师事务所和国家审计局完成，这就造成了审计工作的时滞性，一旦存在大量坏账未被发现，将对公司甚至上下游企业带来不可估量的损失。审计工作量大、时间紧，因此一般采用抽样审计的方式，有选择性地审查部分会计账簿和报表。这其中极有可能存在疏漏，造成审计漏洞存在的不可避免性。同时，线下审计、人工审计的模式常常需要审计师提前了解不同企业迥异的会计核算模式及相关法律规定，并来到现场核对相关数目及金额，这在很大程度上制约着审计工作的效率。

联网审计在传统审计的基础上，采用线上审计、半自动化审计的模式。联网审计平台将主要行业的核算规则及合规性准则用自动化程序的形式记录在系统中，以方便不同审计师提取使用。这将在一定程度上减少审计师的工作量，并能够将审计范围扩大至系统中全部的会计信息。但是联网审计平台不能保证信息来源可靠，且时滞性问题仍然存在，自动化程度也仍然处于较低水平。

区块链审计是事前审计、全面审计、线上审计、智能化审计。审计的流程也不再是格式化的审计准备—审计实施—审计报告，而是将审计对象按照是否上链分类处理，重点考查链下数据。对于上链数据，可信度不再是审计关注的重点，而是转向对审计平台信息处理流程合理性的考察。

区块链审计将会计核算和审计分析功能配置在同一系统中，因此能够在会计信息记录的同时对其进行实时线上审计。通过确认加密存储在系统中的合同、协议、订单、发票等辅助性文件，来代替人工抽样核对，从而提高审计流程的效率。

区块链审计利用智能合约技术，能够进一步加强系统自动化分析处理的能力。通过设定更加细致的合规性标准，可以在不公开信息的前提下，对加密存储在区块链系统中的会计信息进行自动化处理，将初步审计结果呈现给审计人员。这将使得审计系统在满足企业信息保密性的前提下，得以在最大程度上利用和分析企业数据。

同时，人工审计过程同样被记录在区块链上，这些系统原本不能进行的分析过程，经过大数据分析或人工智能学习处理后，最终将被程序化，转化为系统能够自动的处理，从而进一步精简审计流程，节约时间、人力成本。

除此之外，区块链审计平台中的数据采用分布式存储，大大降低了系统损坏或被黑客攻击的风险，提高了整个系统的可信度，维护了信息安全。

（1）区块链在内部审计中的优势

对于内部审计，尤其对集团化公司的内部审计来说，“链上审计”模式还有其独特的优势。集团公司内部每天会产生巨大的信息量，从这些信息的分类、汇总、处理到提取、审计、分析，将耗费巨大的流量资源，对集团公司中心处理器的负载能力提出了很高的要求，且集团公司的中心审计部门获取所需数据需要经过一系列烦琐程序，过程中容易出现数据冗余或丢失的情况，给审计工作带来诸多不便。而区块链分布式存储模式，使得每个节点可以通过取得授权而取得已经存储在节点中的必要信息，省去了信息集成和提取的过程，从而能够优化数据共享模式，不仅中心审计部门可以方便地获取所需信息，各个节点也可以通过向各部门取得授权，来实时获取所需信息，无需访问中心服务器。这将节省大量排队时间，带来公司内部整体数据利用率和沟通效率的提升。

（2）区块链在外部审计中的优势

区块链应用于外部审计系统，同样具有一些附加优势。一条产业链或者一个行业若都使用区块链审计系统，那么这一整体的会计数据也都将被记录在同一区块链系统中。这些数据蕴含的大量生产、交易信息，通过大数据分析处理，能够产生由数据规模效应所带来的增量价值。这契合了21世纪共享共赢理念的倡导，是提升行业整体水平和社会价值的一种有效方式。

更为重要的是，这种共享是建立在控制机密不被泄露的基础上的。如果一种信息不能泄露给竞争对手，而这种信息集成又对企业本身十分有益，那么便极适合利用区块链进行“黑箱”处理、分享。“黑箱”原理是指：区块链系统利用非对称加密权限管理，可以灵活设置不同种类信息的公开程度。部分信息在满足一定条件时才可以被使用平台的其他主体所获取，并且此类设置必须由参与主体共同制定和确认才能生效。如某互联网金融公司的客户信用记录，能够被服务该客户的其他互联网金融公司所获取，但该公司的其他客户信息却不能被访问，由此建立的信用体系，将远比孤立公司自身更为可靠，这将使得参与主体数据安全共享成为可能。各大会计师事务所如果能够由此扩展行业咨询业务，积极探寻数据共享解决方案，将推动大数据审计开拓新的应用领域。

（3）区块链在政府审计中的优势

区块链应用在我国政府审计中的作用将更加明显。

第一，区块链审计能够推动电子政务的发展，提高政府办公效率。区块链审计的本质是一个分布式账本，因此其实现的前提是建立统一的会计信息管理、存储、处理系统。这就要求政府各级部门之间形成统一的信息集成系统。各部门可以按需设计数据开放程度，其他部门如果需要，可以在线上进行申请访问。建立起这样的信息体系，能够大大增强部门间协同工作的效率和质量，更多的人力可以集中于对政务系统的绩效考核与查错防弊当中。如新冠疫情下，卫生部门和社区服务部门的信息如果都能够在一个统一的数据中心上记录，打通各个节点之间的沟通渠道，将会简化信息流动的程序，实现快速决策。

第二，区块链审计能够同时推动社会信用体系的建立。政府各个部门都存储有公民的不同信息。加强这些信息的集成，有利于建立每个公民的立体画像，增加政府对社会情况的掌握和把控能力。如公安局掌握公民基本信息、央行掌握的借贷情况、医院掌握的病历档案、学校掌握的学籍情况等多方面信息，可以在统一平台进行整合，形成每位公民自身的信息包裹。这些包裹严格保密，当公民需要办理存贷款、护照、保险、养老等业务时，系统能够通过个人的授权临时访问所需信息。这就在避免信息泄露的前提下，极大地提高了各方的办事效率。

图 3-16　区块链助力公民画像的建立

第三，区块链审计能够助推大数据审计广泛程度和安全性全面升级。随着多样化信息采集操作终端不断被开辟，更加精准的数据能够被及时获取。部分政府机构（如公安局等），可以作为权威机构，通过要求系统开发者给予特殊节点地位的方式，获取全部数据的访问权限，这不仅能够使得已有数据更加全面规范，还能够产生更多有关民生、民意、民情等的重要信息，这对国家治理具有十分重要的意义。

区块链审计将在很大程度上推动国家治理现代化，优化顶层设计，同时促进会计、审计行业不断提升。

第四节　区块链的价值与意义

“新基建”是新型基础设施建设的简称，是智慧经济时代贯彻新发展理念，吸收新科技革命成果，实现国家生态化、数字化、智能化、高速化、新旧动能与经济结构调整转换，建立现代化经济体系的国家基本建设与基础设施建设，其中包括信息基础设施、融合基础设施和创新基础设施。信息基础设施主要指基于新一代信息技术演化生成的基础设施，其中区块链和人工智能、云计算一起并列新技术基础设施建设范畴。

区块链已经成为世界级的技术创新高地，也是国际竞争新赛道，区块链技术日益成为国家产业竞争力的重要基石。区块链技术在促进产业发展方面具有三点优势：

第一，区块链技术将全面服务于实体经济。目前，区块链的应用已经在供应链金融、电子信息存证、版权管理和交易、产品溯源、数字资产管理等领域广泛落地。未来，区块链技术将与实体经济产业深度融合，形成一批“产业区块链”项目，迎来产业区块链广泛落地“百花齐放”的大时代。

第二，区块链将推动实体经济和数字经济融合发展。区块链作为“价值互联网”的基石，通过分布式多节点共识机制，可以完整、不可篡改地记录价值转移（交易）的全过程。区块链将大大加快数字资源的确权过程，进而赋予一切数字资源以价值，进而将数字资源转变为真正的数字资产，成为数字经济发展的关键基础，进一步推动实体经济和数字经济的融合发展。

第三，区块链技术将打造平台经济的升级版。平台经济是互联网经济发展的基础性创新模式。平台的价值来自平台用户，特别是越早期的平台用户贡献越大。通过区块链技术可以把用户对平台的贡献通过 Token 得到量化反映。Token 作为一种技术要素，是区块链技术体系内的一种记账符号，具有快速流转、自动结算的作用，可以实现用户与平台所有者共享平台价值的增值。基于区块链的激励模式推进“分享经济”升级，这也符合创新、协调、绿色、开放、共享的新发展理念，是一种更高层次的新型平台经济。

第四章 区块链的技术融合之路

5G、物联网、人工智能、大数据等技术先后被纳入新基建中，边缘计算、云计算同样将在新基建中发挥重要作用，本章将分别介绍这些技术发展的背景和特性，与区块链技术有哪些互补融合的趋势。

第一节　区块链与物联网

物联网技术作为重要的第三信息技术，是在计算机技术和互联网技术后的一项重要技术。物联网技术最早于1999年在麻省理工学院被提出，2005年开始普及，2009年获得快速发展，之后搭载计算机技术、感应技术以及智能化技术在各个经济发展领域发挥的作用越来越重要。

尽管我国的物联网技术在发展时间上相对于国外起步较晚，在核心技术的掌握能力上稍落后于发达国家，但如今在社会生活中的应用变得越来越多。共享单车、移动POS机、电话手表、移动售卖机等产品都是物联网技术的实际应用。智慧城市、智慧物流、智慧农业、智慧交通等场景中也用到了物联网技术。

市场研究机构高德纳（Gartner）发布报告，2020年，全球联网设备数量将达到260亿台，销售收入将超过3000亿美元，带动经济总量将超过1.9万亿美元。物联网与大数据、人工智能、区块链、云计算、边缘计算等技术相结合，将会产生许多新的应用模式[14]。

1. 什么是物联网

物联网（The Internet of Things，简称IOT），如果按照字面意思来理解，物联网其实就是“物物相连的互联网”，这里包含以下两层含义：

第一，物联网是在互联网的基础上延伸和扩展出来的一种网络；

第二，在进行信息交换和通信的过程中，物联网的用户端已经延伸和扩展到了物品与物品之间。

所以，严格地讲，物联网的定义应该是通过各种信息传感设备（如激光扫描器、无线射频识别装置、全球定位系统、红外感应器等），根据已经约定好的协议将物品和互联网连接在一起，进行信息交换和通信，从而实现智能化的识别、定位、跟踪、监控以及管理的一种网络。

在传统互联网时代，信息交换和通信都是发生在计算机与计算机之间的。但是，因为计算机需要人工操作，所以信息的交换以及通信也就相当于发生在人与人之间。而在物联网时代，信息交换和通信不仅可以发生在人与人之间，还可以发生在人与物，甚至物与物之间。另外，从物联网的定义来看，通过传感器完成信息感知是其基本功能，而实现信息交换和通信则是其最终目的。

数据收集是信息感知的基本形式，同时也是一个从传感器感知物体数据到汇集数据的过程。对于物联网来说，这个过程是非常重要的。因为物联网系统要想正常运行，就必须有大量数据的支撑。

在网络因素的影响下，收集数据时很可能会发生数据丢失或不准确的情况，避免这些情况的有效手段就是获得一致且有效的感知信息。一旦获得了这样的感知信息，就可以完成很多事情。例如，针对不同用户的需求做出不同的系统。

物联网既简单又复杂。简单是因为它的原理非常好理解；复杂则是因为它需要用到大量的设备，而且每位用户的需求都不同，中间会面临查询时间长、数据量过大等诸多问题。

虽然物联网有复杂的一方面，但从目前的情况来看，其应用是非常广泛的，涉及多个领域，如环境保护、工业监测、食品溯源、情报收集、平安家居、智能交通、病人护理、水系监测、敌情侦察、智能消防、花卉栽培、公共安全等，物联网的发展前景十分广阔。

2. 物联网可能存在的问题和缺陷

第一个问题是成本。传统的物联网模式依然是由一个中心化的数据中心（服务器）来负责处理信息。所有的设备都是通过云服务器验证连接的，该云服务器具有强大的运行和存储能力。设备间的连接仅仅通过互联网实现，即使只是在几米的范围内发生的。

第二个问题是稳定。当海量的通信信息产生，会使物联网中心化模式遭遇瓶颈。云服务器本身是一个故障点，这个故障点有可能会造成整个物联网的瘫痪。

第三个问题是安全。当前的物联网整体还是中心化的，所有的监测数据和控制信号都由一个中央云服务器存储和转发。云服务器收集的信息十分广泛，不仅包括文字和图片信息，还包括所有的视频信号、语音信息，甚至用户的奔跑节奏、心跳和血压等。当万物互联时，节点越多，网络中的薄弱环节就越容易被黑客利用，安全隐患就越多。

为了能让大家有一个更直观的认识，不妨用一些案例来说明：

在万物互联网的状态下，一个家庭会有自己的家庭网络，在这个网络内，所有的物品，包括门窗、空调、锁、桌椅、衣柜等，都可以接收网络信号，并且由一个中心化的服务器来控制。那么，不法分子可以通过攻击家庭网络设备中的某些薄弱环节来侵入家用网络，进而侵入计算机盗取个人数据。想一下，假如有黑客入侵了你的冰箱，获得了你的日程安排表，以及工作、亲友等相关信息，然后入侵网络云盗取你和家人的照片，甚至还能打开你家的门窗，这将是一件多么可怕的事。

第四个问题是隐私。物联网终端是小而简单的设备，引发隐私问题的不仅仅是物联网设备的数量，还有其中许多设备的小尺寸和简单性。这意味着不可能在这些设备中嵌入高级的网络安全保护，从而降低恶意数据拦截或恶意软件感染的风险。其他问题可能包括将易于记住的密码设置为默认密码。物联网本质上都是联网的，这意味着物联网设备或传感器是数据泄漏的潜在点，或者恶意方可以获得访问权限。另一大问题是用户，并不是每个人都精通技术，也不是所有人都懂得经常更换密码的重要性，由于接入物联网系统的设备太多，用户总有疏忽的时候。非技术型用户就是系统中的弱点，这也会成为黑客的切入点。

从目前的情况来看，物联网通过连接无数个网络设备来实现数据的海量采集，但是这些数据全部被储存在集中存储的设备中。这种管理架构无法自证清白，每一次调取、复制都处于不可控的情况下，这样就造成了个人隐私数据泄露的事件时有发生。

在互联网环境下，由于虚拟和现实的界限很明显，用户暴露在互联网上的隐私可能还不是那么彻底，一些重要的隐私可能存在于线下，互联网无法捕捉和泄露。而一旦在物联网环境下，由于万物都互相连接，虚拟和现实的界限将越来越模糊，人们大量的信息、数据（包括隐私）

都将记录在互联网上，一旦被泄露，将会是十分可怕的。因此，人们对隐私安全的忧虑也会影响物联网的发展。

第五个问题是缺乏有活力的商业模式。物联网还停留在将设备连接在一起完成数据采集、存储阶段。人们希望接入物联网的设备更加智能，即在给定的规则逻辑下连入物联网的设备，可以完成各种具有商业价值的应用。

第六个问题是兼容性。当物联网有很多节点时，终端的类型、数据的采集、传输数据的协议、数据的存储方式等就会存在兼容性问题。

3. 区块链技术可以降低物联网运营成本，增强稳定性

物联网是非金融领域与区块链联系最为密切的应用，如果把区块链的优势与物联网相结合，就可以保证设备网络的真实性，节省一些繁杂的环节，降低成本。

区块链具有去中心化、公开透明、安全通信、难以篡改等特点，为物联网提供直接互联的方式来传输数据，降低了中心化架构的运维成本。

同样，区块链分布式的网络结构可以提供一种机制，使设备之间保持共识，无须与中心进行验证，这样即使一个或多个节点被攻破，整体网络体系的数据依然可以稳定运行。

4. 区块链确保物联网信息安全，保护用户隐私

物联网的安全隐患，其核心就在于它的中心化。所有的设备都要依赖中心化的服务器来传送数据，都需要和物联网中心的数据进行核对，一旦中心数据库崩塌，会对整个物联网造成很大的破坏。为什么说区块链能够为物联网提供安全保障呢？

首先，区块链可以有效地狙击一些黑客攻击。

黑客是怎么样攻击的呢？在传统的互联网网络里，黑客只要成功攻击中心化的总服务器就可以实现入侵，就好比是办公大楼外的警卫，在人员进入大楼之前会先检查 ID，一旦警卫松懈或作弊，外来人员就可以很轻松地进入。当下物联网中所采用的，也是这种中心化的系统，所以存在黑客入侵的安全隐患。

而区块链是一个点对点的系统，不存在中心化的服务器，所有节点都是平等的，因此就算成功地攻击任何一个节点，都无法入侵整个网络，除非达到 51% 以上的攻击。类似于进入一栋大楼时，不需要警卫站在楼外，而是楼内大部分用户对该人员的身份进行确认，确认无

图 4-1　区块链狙击黑客攻击

误后该人员方能进入大楼。这种方式显然更加安全，在这种情况下，收买任何一个人，都无法达成进入大楼的目的。

其次，就算有黑客搞破坏，由于区块链分布式的网络结构提供一种机制，使得设备（节点）之间可以达成共识，无须与中心进行验证，即使一个或多个节点被攻破，整体网络体系的数据依然是可靠、安全的。例如，即使黑客侵入了家庭网络中的冰箱，也只能得到与冰箱相连的那个节点的相关信息，无法得到整个家庭网络中的全部信息，因此带来的破坏性不会太大。

再次，区块链便于溯源。即使某个节点遭到攻击和破坏，通过区块链系统可以很快找到此处问题的节点，并能够及时处理。这既提升了维护的效率，也节省了成本，还可以最大限度地减少损失。

最后，区块链的匿名性，可以有效地保障物联网生态系统内的用户隐私。

总之，区块链在物联网安全这一环节大有可为，很多企业和机构也开始注意到这一点。可以说，区块链让物联网真正连接万物，如图 4-2 所示。

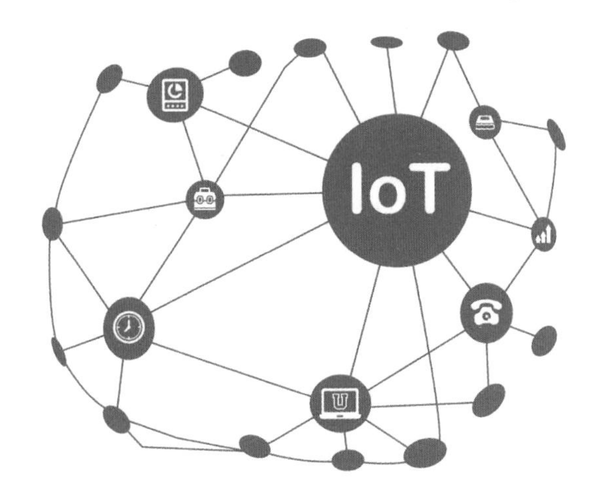

图 4-2　区块链赋能物联网

5. 区块链赋予物联网创造即时、共享的全新商业模式

如果在联网设备中加入账户体系，再辅以智能合约的部署，那么不同物品之间就可以进行资源和服务的自动交易。例如，假设某台充电桩有非常充足的电力，那么它在收到另一台电力不足的充电桩的交易请求时，就可以在输送电力的同时获得收益。

“区块链 + 物联网”创造了一种即时、共享的全新商业模式，这种商业模式可以使物联网世界的想象空间进一步扩大。如今，受限于运营成本高、交易流程繁多等问题，海量联网设备的清算任务变得非常重，很多企业都无法负担。但以区块链为基础的支付体系可以使清算变得更简单，还可以实现不同联网设备之间的高频小微支付。当前，比较主流的利用区块链改变物联网的项目主要集中在以下两个方面。

一是机器微支付模式，打造可以满足联网设备交互的区块链支付网络，拓展商务合作资源，争取更多厂商的认可，使区块链支付网络嵌入足够多的联网设备，最终形成规模效应。在真实的商业场景中，机器微支付模式不仅可以支持高频、海量、零手续费的即时交易，还可以通过比较稳定的价格来衡量资源的价值，从而使联网设备自动完成支付。

二是数据确权交易模式，基本思路是促成厂商之间的合作。通常情况下，出于“自证清白”的需要，厂商必须为用户提供将其个人隐私数据加密存储的入口。有了入口以后，用户可以自己掌握隐私数据，这些隐私数据便成为可以自由交易的资产。

现在，很多国家都非常重视用户的权益，严令禁止企业在未经用户许可的情况下私自使用和销售用户的隐私数据。在这种情况下，数据确权交易模式将获得很多厂商的支持。

总体来说，以“资源共享交易”为核心的全新商业模式正在催生出一种符合时代发展的消费需求，而且区块链所独有的跨主体协作优势也可以推动物联网领域的真正标准化。

6. 区块链可以统一全球物联网平台语言

目前，全球物联网平台的数量已经超过了500个，如果这些物联网平台没有一种可以进行通信的统一语言，不仅会拖慢通信速度、降低通信效率，还会使通信成本大幅度增加。自区块链出现以后，这些问题就可以得到有效解决。区块链的分布式对等结构和公开透明算法可以在各物联网平台之间建立互信机制，信息孤岛和语言不通的桎梏可以被打破，实现各物联网平台的协同合作。

7. 区块链技术赋能物联网

区块链链上数据具有不可篡改、可追溯的特点，但无法解决链下场景与链上数据的深度绑定、源头数据辨伪问题。广泛分布的物联网终端是场景数据的重要来源，但如何管理物联网终端，使得每一个终端都具有源头防伪、数据可验证、可追溯，使得终端成为网络中可辨别、身份独立的节点，是物联网网络数据价值挖掘的痛点。

利用物联网终端设备安全可信的执行环境，将物联网设备可信上链，从而解决物联网终端身份确认与数据确权，保证链上数据与应用场景深度绑定，完成具体场景中的物联网络在链上获得不可篡改、可追溯的独立“身份信息”，使得每一个终端都成为链上的节点，通过链上完成设备身份核验、数据确权，闭环整个数据管理周期。

第二节　区块链与大数据

近几十年来飞速发展的IT技术，特别是互联网技术，对催生大数据应用起到了至关重要的作用。数据，无处不在，无时不在，我们已处在大数据时代。

1. 大数据时代

数据的第一个来源是“电脑”。人类生产、生活的数字化让几乎每个使用电能的设备都有了至少一个核心处理器，此处称之为“电脑”。

过去绝大部分系统运行的数据并不能被记录下来，而有了“电脑”之后，这些设备中内置的处理器、传感器和控制器在运行时的情况都能以某种数据形式呈现，最基本的运行情况会被自动以日志的方式加以记录，而更复杂一些的数据记录则可能是控制状态、异常事件报告等[15]。

这种“电脑”带来的广泛数据化，使原本被舍弃的次要信息也能保存下来。例如，在电话需要人工转接的年代，话务员只会记录和费用有关的通话时长、电话号码等信息，而在现代的电信系统中，包括起止时间、通话内容在内的所有控制信息都能被自动记录。有了这样的数据基础，运营商对客户通话行为的把握就更准确，提供针对性的、个性化的服务也才有了可能。

数据的第二个来源是各种传感器。实际上，传统的摄像头也可以被看成是一种原始的传感器。传感器的特点是拥有一个唯一的识别ID，同时它会根据外界提供的信号进行必要的信息处理，并发送返回信息。例如，摄像头会自动记录响应范围内的视频信息，并储存或回传至服务器；现在广泛应用的射频识别芯片（RFID）会接收阅读器（扫码器）发出的无线电波，并反馈储存在芯片内部的信息给阅读器。传感器可以被用于大量的工作和生活场景：零售业结算、物流跟踪、仓储管理、可穿戴设备等，上一节介绍的物联网在数据采集端的实质就是各类传感器的大规模应用。

数据的第三个来源是将过去已经存在的以非数字化形式存储的信息数字化。例如，各种古籍文献，还有在过去不被认为属于“数据”的语音磁带、图片、视频录像带、历史档案、病历资料、设计图纸等。这些资料都以非数字的媒介形式存在，实际上很难加以分析利用。因此，对这些资料进行分析的第一个基础工作就是将其全部转为数字形式。这一部分数据在未来所占的比例可能会逐渐下降，但在现阶段仍然是数据的一个主要构成部分。

数据的第四个来源就是蓬勃发展的个性化互联网数据。在互联网时代之前，前述三个数据来源实际上也是存在的，但其实施主体是企业。而在互联网时代，每个人都是数据的制造者，在微博上发送的文字和图片信息，在优酷土豆上传的视频及其讨论，在微信中的各种分享、聊天和互动，几乎全部都是由个体提供。这一部分数据占总数据量的比例正在迅速上升，在未来很有可能超过企业数据的总量。

还有很多传感器通过互联网实时采集来自个体的信息。例如，手机已经成了个人信息中心，通过手机采集个体信息非常精确。现代手机集成了GPS、声音、光照、运动、平衡等多个传感器，这些传感器所采集的信息(以及利用这些信息的各类App)在带给用户方便的同时，也精确记录着机主全天的详细行为信息，而这些信息的创造者就是机主本人。除了手机之外，日益发展的可穿戴智能设备也会提供越来越多维度的数据信息。

2. 大数据的定义

大数据（Big Data，简称BD），麦肯锡全球研究所给出的定义是：一种规模大到在获取、存储、管理、分析方面大大超出了传统数据库软件工具能力范围的数据集合，具有海量的数据规模、快速的数据流转、多样的数据类型和价值密度低四大特征。大数据技术的战略意义不在于掌握庞大的数据信息，而在于对这些含有意义的数据进行专业化处理。换而言之，如果把大数据比作一种产业，那么这种产业实现盈利的关键，在于提高对数据的“加工能力”，通过“加工”实现数据的“增值”。

3. 大数据的价值

大数据的一大特点是多数据源，即数据采集范围不限定在指定的那些变量里，而是“漫无目的”地顺便收集各种各样的信息。因为变量之间多少都具有相关性，当某一个核心变量缺失时，只要集中采集了足够多与其相关的变量，就可以通过统计方法将该变量的数据以足够高的精确度估计出来，即使这些采集到的变量和核心变量只是弱相关性。

描述和补齐缺失值只是对现状进行呈现，而大数据的最终价值在于对未来进行预测。可以说，这方面的应用场景是充满想象力的。

例如，在公共安全方面，首先通过历史数据就可以预先得知在哪些节假日的哪些具体时间段，哪些公共场合容易出现人群过多聚集的现象，据此可以提前安排交通管制，调配警力资源进行管理。而当天更可以通过实时采集相应场所人流的手机移动信息，结合流数据技术进行实时分析以直接实现人流监控，并预测可能出现的安全隐患。这个监控过程中也会用到大量的预测技术，如同步监控周边地铁、公交、私家车的流量情况，就可以提前一两个小时预知将来的人流密度，从而充分做到防患于未然。现在节假日的出行拥堵预测、旅游景点人流量预报等，就已经是在朝这个方向努力。而这几年“双11”快递送货速度明显越来越快，背后也都是基于历史大数据分析进行提前仓储配货、提前配置快递人力资源、做到物流最优化所带来的效果。

以大数据为基础进行的预测，小到体育比赛、电影票房、产品寿命，大到交通管理、流行病预测和社会经济发展趋势，会产生巨大的社会效益。人力资源、物质资源、社会资源在大数据预测指导下的优化配置，极大地促进了生产力的发展和社会的进化。而经济效益最明显的方面，毫无疑问是金融领域，无数金融模型和分析都需要大量的大数据信息作为基础。

4. 区块链和大数据的异同

大数据需要应对海量化和快增长的存储，这要求底层硬件架构和文件系统在性价比上要大大高于传统技术，能够弹性扩张存储容量。区块链本质上是一种分布式的数据库系统，区块链技术作为一种链式存取数据技术，通过网络中多个参与计算的节点来共同参与数据的计算和记录，并且互相验证其信息的有效性。从这一点来说，区块链技术也是一种特定的数据库技术。由于去中心化数据库在安全、便捷方面的特性，很多业内人士看好区块链的发展，认为区块链是对现有互联网技术的升级与补充。

大数据的分析挖掘是数据密集型计算，需要巨大的分布式计算能力。节点管理、任务调度、容错和高可靠性是关键技术。区块链的共识机制，就是所有分布式节点之间怎么达成共识，通过算法来生成和更新数据。认定一个记录的有效性，既是认定的手段，也是防止篡改的手段。区块链主要包括四种不同的共识机制，适用于不同的应用场景，在效率和安全性之间取得平衡。区块链采用的是工作量证明，只有在控制了全网超过 51% 的记账节点的情况下，才有可能伪造出一条不存在的记录。

大数据通常指数据集足够大、足够复杂，以至于很难用传统的方式来处理。目前区块链能承载的信息数据是有限的，离大数据标准还差得很远。

5. 区块链和大数据的融合

区块链是一种不可篡改的、全历史记录的分布式数据库存储技术，区块链数据集合包含了每一笔交易的全部历史。随着区块链技术的迅速发展，数据规模会越来越大，不同业务场景的区块链数据融合会进一步扩大数据规模和丰富性，如图 4-3 所示。

图 4-3　区块链与大数据的融合

区块链以其可信任性、安全性和不可篡改性让更多数据被解放出来，推进了数据的海量增长。区块链的可追溯性使数据的质量获得前所未有的强信任。通过区块链脱敏的数据交易流通，则有利于突破信息孤岛，并逐步形成全球化的数据交易。区块链提供的是账本的完整性，数据统计分析的能力较弱。大数据则具备海量数据存储技术和灵活高效的分析技术，极大地提升了区块链数据的价值和使用空间。

在大数据的系统上使用区块链技术，可以使数据不能被随意添加、修改和删除。当然，其时间和数据量级是有限度的。例如，存档的历史数据因为是不能被修改的，所以可以对大数据做哈希处理并加上时间戳，存在区块链上。未来当我们需要验证原始数据的真实性时，可以对相应的数据做同样的哈希处理：如果得出的答案相同，则说明数据是没有被篡改过的。

随着数字经济时代的大数据能够处理越来越多的现实预测任务，区块链技术能够帮助把这些预测落实为行动。通过把区块链技术与大数据相融合，大数据将会在“反应－预测”模式的基础上更进一步，能够通过智能合约和未来的 DAO、DAC 及 DAS 自动运行大量的任务，那时将会解放大量的人类生产力，让这些生产力被去中心化的全球分布式计算系统代替。

6. 区块链技术助力大数据产业发展

区块链技术凭借不可篡改、可追溯等特性，可以解决数据共享开放与交易交换中的若干关键问题。

数据权属：区块链可以提供可追溯路径，能有效破解数据确权难题。区块链对数据进行注册、认证，确认了大数据资产的来源、所有权、使用权和流通路径，让交易记录透明、可追溯和被全网认可。把各个区块的交易信息串起来，就形成了完整的交易明细清单，每笔交易的来龙去脉非常清晰、透明。区块链使数据作为资产进行流通时更有保障，有助于让数据真正实现资产化。简单地说，数据一旦上链，便永远带有原作者的“烙印”。即使在网络中经过无数次复制、转载和传播，仍能明确数据的生产者和拥有者。数据的接收者对数据本身或交易情况有任何疑问，还可以根据记录进行查询和追溯。区块链能够进一步规范数据的使用，精细化授权范围，把数据的所有权还给用户自己。

数据质量：制定数据标准，并通过共识验证改善数据质量。区块链对数据进行注册和认证时有明确的格式要求，从而能够明确该链数据的语意和度量衡，一方面能够统一单条链的数据标准，另一方面在多源数据进行融合时能够实现快速清晰的解读。同时，区块链的数据溯源机制可以改善数据的可信度，让数据获得信誉。多方可检查同一数据源，甚至通过给予评价来表明他们认为的数据有效性。区块链保证了数据分析结果的正确性和数据挖掘的效果，因为这个精度和质量是基于群体共识来支持的。

数据安全：以多种加密技术保障数据安全和隐私。数据安全是数据互联的基础，有多方面的含义：一是数据本身的安全，主要是指采用现代密码算法对数据进行主动保护，如数据保密、数据完整性、双向强身份认证；二是数据防护的安全，主要采用现代信息存储手段对数据进行主动防护，如通过磁盘阵列、数据备份、异地容灾等手段保证数据的安全；三是数据的访问控制，包括各种权限控制，以保证数据的访问在授权范围之内；四是数据处理的安全，是指如何有效地防止数据在录入、处理、统计或打印中，由于硬件故障、断电、死机、人为的误操作、程序缺陷、病毒或者黑客等造成的数据损坏或数据丢失现象，以及某些敏感或保密的数据被没有资格的人员查看而造成数据泄密等后果。

当数据被哈希处理后放置在区块链上，数字签名技术只有获得授权的人才可以对数据进行访问；通过私钥既能够保证数据私密性，又可以共享给授权研究机构；数据统一存储在去中心化的区块链上，在不访问原始数据的情况下进行数据分析，既可以对数据的私密性进行保护，又可以安全地提供给研究机构和研究人员共享。

系统安全和数据安全还需要审计监控作为保证。通过区块链的智能合约，可以给出数据使用的具体条款，并照此监督数据的使用。如果企业的数据要流通，需要法律人士给出逻辑严密的使用条例，条例的内容本质上不属于IT范畴。对于个人用户，通过审计监控和精细化授权也能最大限度地保护用户隐私。

在企业内使用区块链技术合并来自不同区域办公室的数据，不但能降低企业审核自身数据的成本，还可以与审计员共享数据。在银行系统，竞争对手过去永远不会分享他们的数据，但现在可能会坦率地展示。因为结合几个银行的数据就可以做更好的模型以预防信用卡欺诈，或者供应链机构通过区块链共享数据可以更好地支持供应链运转。在全球范围内，区块链可以促进不同生态系统之间的数据共享。在某些情况下，当孤立的数据被合并，不只可以得到一个更好的数据集，还可以得到一个新的数据集，从中可以收集到新的见解、新的业务应用。也就是说，以前做不到的事情现在也许可以做到了。

数据定价：明确交易历史和各方贡献，助力数据价值衡量。未来的数据市场需要有灵活的数据定价模型，既考虑数据的使用历史和时间变化所形成的基础价值，又能计量当前使用中可量化的价值，计算出这次交易的数据定价。同时，如果这次使用的是多方数据，可以根据各方贡献的大小对其数据进行分别定价。区块链的可追溯性和不可篡改性能够明确数据的使用历史和交易历史，有助于衡量各方的贡献，从而设计出更灵活的数据定价模型。例如，将一次定价变为多次定价，根据一定时期内数据所发挥的价值，按周期对各方的贡献进行“分红”。

数据支付：对数据的使用和流通进行快速、便捷的即付即用。由于数据的多源性和复杂性，采用一个传统的交易平台无法实现对具体数据的精准流通，只能采用打包的方式，一方面影响了数据的质量，另一方面也降低了数据的价值。

因此，区块链的出现会从两个方面产生巨大的变革。第一，由于区块链本身带有价值传输也就是支付的功能，基于区块链的交易系统可以很方便地实现数据的交换和支付。第二，区块链交易具有廉价、高频的特点，可以实现数据交易的细分。用户可以对所需要的数据实现精准支付，以满足自身对数据质量的要求。而数据提供者也可以采用更精确的定价，以使整个数据链上的每一方都受益。

第三节 区块链与人工智能

经过半个多世纪的发展，历经多次高潮和低谷，人工智能技术已经取得了巨大的进步。

1. 人工智能的发展背景

人工智能的故事从 1956 年正式展开。普林斯顿大学的约翰·麦卡锡召集了全美国对于自动机理论、神经元网络和智能研究有兴趣的学者聚集在达特茅斯召开第一次人工智能研讨会。达特茅斯会议上，麦卡锡正式提出了人工智能概念并被沿用至今，其过程可以分为四个阶段[16]。

20 世纪 50 年代—20 世纪 80 年代，人工智能技术诞生，智能软件不断出现，但由于计算机的计算能力有限、模型计算的复杂度不断提高，导致人工智能软件的发展遇到了瓶颈。这一阶段发生了以下大事件。

1950 年，著名的图灵测试被提出。人工智能之父艾伦·麦席森·图灵指出，如果一台机器能够与人类展开对话（通过电传设备），而不能被辨别出其机器的身份，那么可以认为这台机器具有智能。同一年，图灵还预言会创造出具有真正智能机器的可能性。

1956 年，美国达特茅斯学院举行了历史上第一次人工智能研讨会，被认为是人工智能诞生的标志。在本次会议上，学者们首次提出了“人工智能”的概念。

1962 年，IBM 的阿瑟·萨缪尔在 IBM 7090 晶体管计算机上研制出了西洋跳棋程序，并击败了当时全美最强的西洋棋选手之一罗伯特·尼雷，引起了轰动。萨缪尔在研制西洋跳棋程序的过程中，第一次提出机器学习的概念。

1958 年，麦卡锡定义高级语言 Lisp，并在发表的论文中描述了使用知识求解问题的一个假想程序（AdviceTaker）。该程序可以接受新的公理，并在未重写的情况下获得新的能力，在一定程度上可以实现知识表示和推理。麦卡锡的合作者马文·李·明斯基更加注重程序如何自动开始运转，选择研究只有智能才可以解决的受限问题，如高等数学中的封闭性积分问题和智力测试中的几何类推问题等。

20 世纪 60 年代关于人工智能的里程碑式的事件大致只有两件：第一，1969 年，第一届国际人工智能联合会议召开；第二，1970 年，

《人工智能》国际杂志创刊。

20 世纪 70 年代，研究者开发出称为弱方法的通用搜索求解机制，如在棋局中搜索解空间。专家系统或称强方法在这个时期也得到关注和探索。

1960—1970 年，首台人工智能机器人 Shakey、聊天机器人 ELIZA、计算机鼠标、超文本链接等陆续发布。

20 世纪 80 年代—20 世纪 90 年代，专家系统被企业广泛采纳，数学模型和知识处理技术取得了重大突破。专家系统主要以商业软件为主，开源软件较少。由于专家系统的成本高，而且应用场景较小，人工智能技术的发展陷入了低谷。这一阶段发生了以下大事件。

1982 年出现了第一个成功的商用专家系统 R1。这个系统为 Mc Dermott 自动配置订单并且成功节省了数千万美元的成本。这个成功应用激发了美国许多知名公司开始投资开发人工智能专家系统。日本也启动了一项为期 10 年的制造智能计算机计划。为了与之抗衡，美国和英国也在国家层面开启了相关研究计划。人工智能工业在 1980—1988 年期间得到的经费迅猛增加。但是研究计划中提及的目标多数并未实现，业界公司也开始承受当初过分承诺带来的失败。

20 世纪 90 年代—2012 年，随着企业数据的积累、计算能力的提高和大数据技术的不断发展，人工智能在自然语言处理、计算机视觉等领域的应用取得了突破性的进展，开源机器学习框架推动了传统机器学习的发展与应用，机器学习的发展进入了繁荣期。这一阶段发生了以下大事件。

1997 年 5 月，IBM 公司的计算机“深蓝”战胜了国际象棋冠军卡斯帕罗夫，成为首个在标准比赛时限内击败国际象棋世界冠军的人工智能计算机。

2011 年，IBM 公司开发的沃森（一个自然语言问答应用）参加美国智力问答节目，最终击败两位人类冠军，赢得了 100 万美元。

20世纪90年代起，最风生水起的流派是基于概率统计的建模学习。乌尔夫·格伦德（Ulf Grenander）从 20 世纪 60 年代开始发展随机过程和概率模型。朱迪亚·珀尔（Judea Pearl）于 20 世纪 80 年代提出贝叶斯网络，把概率知识应用于认知推理，并估计推理的不确定性。到 20 世纪 90 年代末，他进一步研究因果推理。2011 年，他因为对概率统计的人工智能应用做出极大贡献，获得图灵奖。

莱斯里·瓦利安特（Leslie Valiant）开创了学习理论，系统而完整地回答了统计学习方法需要多少数据才能以某种置信度习得一种概念。他提出将弱分类器组成强分类器的思想，这推动了一系列集成学习方法诞生。

以 Adaboost 为代表的 boosting 算法，在 21 世纪初的计算机视觉应用中，可以说达到了深度学习时代前最好的效果。统计学习中应用最广的算法当属支持向量机算法。支持向量机是一种分类模型。弗拉基米尔·万普尼克（Vladimir Vapnik）在 1963 年首次提出了支持向量的概念，将支持向量定义为对分类起决定性作用的样本。1995 年，弗拉基米尔·万普尼克等人系统总结了支持向量方法，提出统计学习理论。支持向量方法在小样本训练集上体现出极佳的性能，并且由于其理论系统成熟、工具包可靠易用，成为学术论文乃至业界应用中常用的基准算法。

2006 年，杰弗里·辛顿发表 Learning Multiple Layers of Representation 一文，不同于以往学习一个分类器的目标，提出希望学习生成模型的观点。2007 年，李飞飞和普林斯顿大学的同事开始建立 ImageNet。这是一个大型注释图像数据库，旨在帮助视觉对象识别软件进行研究。有了理论支撑、数据集支持，加上硬件条件较 20 世纪有了巨大飞跃，神经网络应用开始引爆。多层神经网络，或称深度学习，成为计算机视觉领域表现最好的模型。多层神经网络由于架构灵活、变种多样，也成功适应诸如自然语言处理、推荐系统等丰富的应用场景，带来焕然一新的效果。

2012 年至今，随着 GPU 算力的提高、深度学习的研究与发展，大批企业、研究机构、开源组织进入人工智能领域，大批成功的开源深入学习框架不断涌现，人工智能迎来了爆发期。这一阶段发生了以下大事件。

2013 年，深度学习框架得到企业的广泛认可和应用。在这一年，Facebook 创立了人工智能实验室，探索深度学习框架的研发；谷歌收购了语音和图像识别公司 DNNResearch，推广深度学习平台；百度则创立了深度学习研究院。

2015 年，谷歌将深度学习平台 TensorFlow 开源，引导深度学习平台向开源方向发展。

2016 年 3 月，AlphaGo 战胜韩国围棋选手李世石。

2017 年 5 月，AlphaGo 战胜围棋世界排名第一的中国选手柯洁。两次人机大战将公众对人工智能的关注提升到了前所未有的高度。

2. 什么是人工智能

了解了人工智能的发展历史，我们是怎么定义和描述人工智能的呢?

人工智能（Artificial Intelligence，简称 AI），它是研究、开发用于模拟、延伸和扩展人的智能的理论、方法、技术及应用系统的一门新的技术科学。

人工智能是计算机科学的一个分支，它企图了解智能的实质，并生产出一种新的能以人类智能相似的方式做出反应的智能机器，该领域的研究包括机器人、语言识别、图像识别、自然语言处理和专家系统等。人工智能从诞生以来，理论和技术日益成熟，应用领域也不断扩大，可以设想，未来人工智能带来的科技产品，将会是人类智慧的“容器”。人工智能可以对人的意识、思维进行信息过程的模拟。人工智能不是人的智能，但能像人那样思考，也可能超过人的智能。

3. 人工智能的“智力”从何而来

2016 年 3 月 20 日，清华大学语音与语言实验中心网站宣布，它们的作诗机器人“薇薇”通过社科院等唐诗专家评定，通过了“图灵测试”——“薇薇”创作的诗词中有 31% 被认为是人创作的，超过了 30% 这个合格标准。[17]

什么是图灵测试？图灵测试的核心是“计算机能否在智力行为上表现得和人无法区分”。我们在墙后放一台计算机，放一个人，然后问一些问题，比如为什么会出现父系社会？计算机和人都给出一些解释，当我们无法判断哪个解释是计算机给出来的，哪个解释是人给出来的时候，就可以认为这个计算机和这个人有同等的智慧。

图灵测试大会的具体规则是，如果在一系列时长为 5 分钟的键盘对话中，某台计算机被误认为是人类的比例超过 30%，那么这台计算机就被认为通过了图灵测试。2014 年的图灵测试大会共有 5 个聊天机器人参与，其中俄罗斯科学家开发的“尤金·古斯特曼”成功地被 33% 的评委判定为人类，它模拟的是一个 13 岁乌克兰男孩。在这次测试中，对话是不受限制的，而真正的图灵测试正是不预设问题或主题的。因此可以说这是人工智能在聊天领域首次通过图灵测试。

随着越来越多的机构宣称自己设计的智能程序通过了图灵测试，

人工智能拥有与人类同等的智能成为人们必须正视的现实。正如发明家们不是靠模仿鸟类发明飞机，从而实现“人工飞行”；也不是靠模仿鱼类发明潜艇，从而实现“人工深潜”；人工智能也没有完全模仿人类大脑思考的生物过程，却能在越来越多的领域实现与人类智能相同的结果，而且速度更快、效果更好、成本更低。

AlphaGo 是当今人工智能的先进代表，它排名世界第一的围棋棋力来自 30 万张人类高手对弈棋谱以及 3000 万次自我对弈，其思考能力来自“大数据（来自互联网、物联网）+ 深度学习（优秀算法）+ 云计算”。大数据、深度学习和强算力（云计算）是当今人工智能技术的三大基石。

4. 区块链和人工智能技术融合的意义

人工智能是一门利用计算机模拟人类感知行为的技术，其主要过程是利用数据来实现自动学习和推理，已成为我国 2020 年新基建的七大技术之一。近年来，得益于人工智能技术的快速发展，人类生活发生了天翻地覆的变化，典型的如人脸识别系统已经成熟应用到支付、门禁等日常系统中，而自动驾驶等技术的不断发展也将逐步改变世界，预计到 2030 年，全球人工智能产业将达到 13 万亿美元的规模，将占据举足轻重的地位。人工智能技术的发展，尤其是近年来深度学习技术所取得的丰硕成果，也极大改变了人们处理问题和思考问题的方式，其核心表现在各行各业对数据的重视程度已上升到了新的高度，对数据进行存储和管理进而实现处理和分析必将成为未来众多行业寻求拓展创新的一种重要方法。而作为数据分析和数据存储两个领域的代表性技术，人工智能和区块链具有天然的互补性，因此，实现人工智能和区块链的有效融合对完善数据驱动并促进各产业和技术的自身发展都具有十分重要的意义。

目前，一些研究人员逐步重视人工智能和区块链的技术融合，通过交叉融合实现两者的互惠互利，并促进其在应用领域的发展，总的来说可以分成三种不同的思路，第一种是使用区块链来改进人工智能技术的缺陷，第二种是使用人工智能技术来提高区块链的性能，第三种是组合区块链和人工智能技术来构建应用产品提升应用体验。

区块链技术可以提高人工智能技术的可靠性。已有人工智能系统大多采用中心化的模型架构，很难避免数据篡改等恶意行为，而大量的数据也被 Google、Apple、Facebook 等巨头公司所掌握，其隐私保

图 4-4　区块链与人工智能的融合

护一直存在许多隐患，因此，利用区块链技术实现去中心化的人工智能，通过区块链的不可篡改特性为人工智能的分析和决策算法提供数据的存储、管理和交换平台，对降低已有人工智能应用的数据风险具有十分重要的意义。首先，基于密码学算法，区块链可有效保护其存储的信息安全，为人工智能算法提供高度可靠的输入数据，据此保证算法输出的可靠性。其次，区块链可以将人工智能产品的每一步决策计算过程进行分布式存储，保证各步骤计算结果不被恶意篡改，将推理决策过程记录下来也有助于提高人工智能系统的透明性，可无须第三方信任机构为其增信。最后，当人工智能产品具有多方协作性质时，利用区块链可快速实现数据的自动验证和交换，可提高产品的运作效率。

人工智能技术可进一步保障区块链的系统安全性和效率。区块链是一个具有多个节点的分布式系统，采用人工智能技术对各个节点进行行为分析有助于实现对区块链网络的系统级理解，利用机器学习技术还可有效甄别恶意节点的行为模式，据此构造相应规则来检测网络攻击。

融合区块链和人工智能可增强应用的安全性、效率和产出。区块链和人工智能的应用领域十分广泛，目前大多数应用产品仅单独采用某一个技术来解决某一特定问题，对应用的实际产出和性能提升较为有限。然而，若能有效结合区块链和人工智能技术的各自优势，构建完整的融合两者技术的新一代应用产品，可有助于提升各类不同应用下的数据管理和决策效率，保障用户的数据安全和隐私，从而实现各类应用的革命性进展。

5. 基于区块链的人工智能技术

由于现有人工智能通常采用中心化架构，存在固有的缺陷，因此，利用区块链技术可提高人工智能应用数据和算法的可靠性、安全性和透明度，包括人工智能的算法和工程部署等各个环节。

随着人工智能技术的不断发展，海量数据的处理、算力的指数级上升以及用户的信任度成为人工智能领域所面临的关键问题。近年来，深度神经网络的兴起大大增加了对海量数据存储和计算资源的需求，构建数据中心成为必需的手段。为保证数据的安全性，一些研究人员开始强调人工智能技术和区块链架构的组合来避免互联网对数据中心所存数据的恶意攻击，来保障数据的安全，如 Woods 等人[18]发现未来互联网交互更多是由智能机器人互相完成，显然，为保证安全性，需要智能机器人彼此验证身份的准确性，这需要查看智能机器人的历史数据和交互频率，而使用区块链来记录这些数据可以有效保障数据的透明和安全。Mylrea 等人[19]则提出使用区块链来驱动智能电网系统，其目标是通过区块链来增强智能系统的弹性并通过加密和自动交易技术增强分布式系统的资源交换，该系统表明利用区块链有助于对从多个平台所收集的海量数据进行智能分析，如频率、负载和工业控制异常等数据可通过区块链自动进行跟踪和获取。Mohamed 等人[20]则针对人工智能系统的可解释性进行研究，通过利用区块链、智能合约和分布式存储的特性实现了一个更具信任的人工智能系统。

做好人工智能产品的生态和社区对人工智能技术的发展具有十分重要的意义，而区块链是一种搭建生态社区的强有力工具，因此，利用区块链来实现人工智能产品的发布和相关技术的交流，并确定人工智能相关成果的价值锚定成为两者技术融合的一个重要探索方向。例如，SingularityNET[21]创建了一个基于区块链的去中心化人工智能平台，该平台允许任意用户在链上创建、共享和发布人工智能服务，其目标是通过区块链技术创建一个人工智能市场使得人工智能应用大众化。用户可以在 SingularityNET 的区块链系统上用虚拟货币购买人工智能产品，人工智能机构和开发者也可以链上发售自己的产品和算法，通过区块链技术完成交易记账保证交易的公正透明，同时，利用分布式节点来实现人工智能算法的备份，进而通过点对点通信实现不同用户间的算法交流和学习，构建完善的人工智能社区。

6. 基于人工智能的区块链技术

相比人工智能，区块链技术更为新生，在技术方面存在着很多局限，因此，一些研究人员开始利用人工智能技术来解决区块链的技术难题，推动区块链的技术发展。

近年来，由于比特币、以太坊等区块链网络累积了大量的数据，对这些数据使用机器学习技术进行分析来提高区块链网络的安全可靠性成为机器学习和区块链技术结合的一个重要表现。一种典型的应用是机器学习对区块链网络的节点行为进行分类，如 Meng 等人的综述[22]总结了一些通过机器学习技术来检测区块链环境的攻击行为工作，其利用机器学习训练攻击行为的分类器，分类器可在数据持有者的节点上局部运行，然后通过区块链网络传输分类结果。Tang 等人[23]则采用深度学习技术对节点行为进行分类，该分类有助于建立区块链网络的节点代表行为模式，并根据该模式甄别区块链网络的异常节点，对保护区块链网络的稳定性有着十分重要的意义。此外，还可以通过聚类算法对比特币地址进行合并，来跟踪用户的节点交易行为[24]。

另一种应用是利用机器学习结合具体应用来检测网络攻击和异常行为。如在基于区块链的医疗应用中，Firdaus 等人运用群智能优化来自动发现可用特征，进而采用 boost 算法来增强分类器的预测性能以用来检测未知的根用户攻击行为[25]。另外，Bogner 等人利用在线学习方法来实现区块链网络的异常检测，其通过系统级的特征组合并进行图形可视化来发现区块链网络的内在运行规律[26]。

区块链的效率一直是该领域所面临的难题，人工智能技术可以用来提升区块链的性能，如 Luong 等人采用深度学习技术来优化移动区块链网络中边缘计算资源管理，以提高区块链网络的整体性能[27]。

最后，人工智能还可以用来对区块链网络进行监控管理，如可以使用自组织映射神经网络完成对区块链网络的监控[28]，通过该神经网络模型展示区块链节点的行为属性及模式，据此完成节点监控，此外，神经网络也是一种有效的区块链网络监控解决手段[29]。

7. 区块链和人工智能的融合应用

人工智能和区块链的有机结合可助力不同应用的发展，在健康、贸易、安全和物联网等领域都能为数据管理、决策和隐私保护等需求提供帮助。

最为典型的是在健康医疗领域，目前越来越多的可穿戴设备可以收集个人的健康数据，逐步成为医疗健康领域研究和产业的宝贵数据资源。人工智能和区块链的技术融合可进一步推动该领域的技术发展，如在保证数据安全和隐私的基础上，可以简化个人用户数据的获取、上传和授权流程，更为便捷地进行数据分析和模型创建[30]。在利用区块链进行健康数据交换和共享的过程中，可以使用机器学习技术来控制数据质量[31]。根据区块链所收集的数据可以使用神经网络模型来完成病人分类和异常检测[32]。

图 4-5　区块链和人工智能在健康领域的融合应用

在贸易领域，通过区块链技术完成消费者、供应商和生产者的数据交换也可以为该应用领域带来显著的改善。结合机器学习的智能合约系统可以有效保证市场的公平和安全[33]，而在工业制造领域，结合分布式账本和主题挖掘技术也可以提高生产力和产品质量[34]。

在物联网领域，结合区块链和聚类算法可用来对物联网设备数据进行质量控制[35]，同时结合区块链和人工智能技术也可以实现物联网云平台的分布式身份管理，如 Ahmad 等人[36]结合人脸识别系统来增强校园打印服务的安全性，该系统中使用智能合约来记录每一个打印记录，并在区块链上执行服务和人脸匹配过程。

第四节　区块链与云计算

区块链、物联网、大数据、人工智能、5G 等一系列新技术的发展都离不开计算、存储和网络资源的合理配置、调度和管理，这正是云计算技术解决的核心问题。云计算技术的发展历程，是一个逐步将资源虚拟、共享和服务化的过程，这带来两大收益：一方面，它最大限度地提高了资源利用率；另一方面，它更便于应用，应用开发者只需要管理好自己的应用和数据，把底层资源分配、调度及备份、安全等复杂的问题留给了云计算平台。

1. 云计算技术发展背景

随着网络带宽的不断增长，通过网络访问非本地的计算服务（包括数据处理、存储和信息服务等）的条件越来越成熟，于是就有了今天我们称作“云计算”的技术。之所以称作“云”，是因为计算设施不在本地而在网络中，用户不需要关心它们所处的具体位置，于是我们就像以前画网络图那样，用“一朵云”来代替了。云计算现在已经是一个成熟的技术和应用了。

计算机的发展是从 20 世纪四五十年代起步的，当时一台计算机要占用好几个房间的空间，直到 20 世纪 80 年代后期，集成芯片进入快速发展阶段，16 位、32 位和 64 位的 CPU 逐渐诞生，网络带宽也从 KB 升级到了 GB，除了在高性能计算领域，通常服务器的性能都有空余，在此背景下才有了云计算的产生。

从 2007 年至今，云计算从技术发展上看，经历了多个阶段。第一个阶段是单纯的计算虚拟化阶段，这个阶段是各种虚拟化软件兴起的时代，当时还基本停留在单机操作的时代，后来出现了一些虚拟机的管理系统，但功能也比较简单，主要提供了控制虚拟机的开启和关闭等功能。第二个阶段是整合存储和网络的全面软件定义时代，虚拟机需要连接网络和挂载存储，网络虚拟化通过软件定义网络实现在既定的物理网络拓扑之下自定义网络数据包的传输，从而构建虚拟的网络拓扑，存储虚拟化技术通过软件定义的存储提供块存储、文件存储，以及对象存储服务。现在，云计算早已经不限于单纯的计算，而是全方位的云服务。

从商业化发展来看，AWS 于 2006 年首次推出弹性云计算服务，紧接着 Google 等公司相继推出公有云产品，此时的云计算还不被大众认知，都是行业巨头在参与。2009 年，美国金融危机、经济衰退之际，Salesforce 公司公布了 2008 财年年度报告，数据显示公司云服务收入超过了 10 亿美元，整个云市场开始躁动，微软、IBM、VMware 纷纷加入云计算市场，国内的阿里云也是在 2009 年起步，其中，VMware 另辟蹊径主推私有云,此时云计算已经迅速普及,进入疯狂厮杀的阶段。

2010 年起，随着 CloudStack、OpenStack 和 KVM 等开源技术的发展，开源的私有云案例越来越多，在 2012 年到 2015 年达到了巅峰，此时可谓百家争鸣。但硝烟散尽后，整个私有云的市场回归理性，很多企业又开始反思是否真正需要构建私有云。公有云则稳步发展，逐步扩大市场份额，其中 AWS 在 2017 年营收达 175 亿美元，成全球第五大商业软件提供商[37]。

2. 什么是云计算

云计算（Cloud Computing）在维基百科的定义是：一种基于互联网的计算方式，通过这种方式，共享的软硬件资源和信息可以按需求提供给计算机终端和其他设备。其中有几个关键词：

第一是互联网，这个词阐述了获取云服务的途径，即通过网络获取服务。云用户不需要关心云主机到底在什么位置，部署在哪个数据中心，哪个机柜，只需要通过网络便可以获取需要的资源。如果没有最近几十年互联网的快速发展，尤其是网络带宽的提速，就没有云计算蓬勃发展的今天。

第二是共享，它对用户隐藏了资源的使用方式，每个用户独立使用属于自己的资源，然而不同的用户又可能是在共享同一个资源池，甚至是同一台物理服务器。比如，一个来自中国的用户和一个来自美国的用户，他们的服务独立地运行在同一台物理服务器，彼此隔离，但又共享硬件资源，这便是云计算中的多租户设计方案，即将每台机器上空闲的计算能力提供给更多的用户，从而充分利用资源。

第三是按需计费，这种计费方式不但抛弃了传统的固定容量计费模式，而且当前的公有云计费可以精确到分钟级别，用户可以根据实际需要灵活地增加或者减少资源的购买量和使用量。云计算的本质是按需提供 IT 服务，服务的类型有多个方面，包括虚拟机计算服务、网络存储服务、数据库服务和物联网机器学习等，通过网络接入的方式将这些服务提供给终端用户。云计算正在成为 IT 技术的标配，当前任何IT相关技术推广和研发过程都会考虑到和云的结合，程序的设计架构更要考虑到云环境的部署运行，尽量符合云原生应用架构。云计算正在成为物联网、大数据、人工智能、机器学习等技术的基石。

3. 区块链和云计算的互补关系

云计算是一种基于互联网的计算方式。通过这种方式，共享软硬件资源和信息，可以按需求提供给计算机各种终端和其他设备。用户不再需要了解“云”中基础设施的细节，不必具有相应的专业知识，也无需直接进行控制。云计算描述了一种基于互联网的新IT服务增加、使用和交付模式，通常涉及通过互联网来提高动态易拓展且经常虚拟化的资源。

然而，云计算技术的发展也存在不少痛点。

现有云计算市场极度中心化，市场份额由少数几家科技巨头依靠自身高度集中化的服务器资源垄断了整个云计算市场，借助市场力量享受高额利润，进而导致算力服务价格居高不下。BOINC（伯克利开放式网络计算平台）是目前最为主流的分布式计算平台，为众多的数学、物理等学科类别的项目所使用，但是由于这是基于分布在世界各地的志愿者的计算资源而形成的分布式计算平台，缺乏足够的志愿者来贡献算力。

桌面网格的思想是收集互联网上未充分利用的计算机资源，在一个分布式虚拟的超级计算机上，以极小成本执行大规模并行及分布式应用程序。

桌面网格计算技术有三个功能使其成为完全分布式云计算的良好平台：第一是韧性，如果某些节点出现故障，计算仍能继续在其他工作节点上运行；第二是效率，即使计算节点多种多样，应用程序仍可以获得最佳性能；第三是易于部署，无需特定配置即可使用任意节点，甚至包括那些位于网络边缘的节点。这使得包括传统的高性能计算集群、云基础设施及个人电脑等计算资源的桌面网格成为组合混合基础设施的完美解决方案。

然而，桌面网格仍然存在一些重要的问题，比如难以计算各个节点对网络做出的贡献，从而缺少激励机制，难以撮合需求与计算资源的匹配等。

区块链技术的出现，可以很好地解决这些问题，比如通过贡献证明协议提供可证明的共识、可追溯性和信用机制。

基于区块链的分布式云计算基础设施将允许按需、安全和低成本地访问最具竞争力的计算基础设施。而分布式应用程序 DApps 则可以通过分布式云计算平台自动检索、查找、提供、使用、释放所需的所有计算资源，如应用程序、数据和服务器。通过简化访问服务器的方式，分布式云计算大大降低了数据中心的热能损耗，同时使得数据供应商和消费者更容易获得所需计算资源。

传统区块链，如比特币和以太坊依赖于工作量证明机制（PoW），以确保区块链上参与者之间发生的交易被大量节点采用的加密挑战所验证。而基于区块链的分布式云计算则可以采用贡献证明协议，即通过链外行为，如实时提供数据集、传输文件、执行计算、提供专业服务等活动引发参与者之间的代币交易。

因此，需要一个新的协议来证明贡献已经准确无误地发生，且相应的交易可以在区块链上进行。我们称这种共识机制为贡献证明机制，允许在区块链和链外资源之间建立共识。例如，GridCoin 提出了研究证明来奖励那些捐赠了部分计算机时间给生物医学研究，以及探索宇宙等伟大科学计算的志愿者。相比较而言，贡献证明将更加通用，允许验证更多的行为。

在分布式系统中可以使用一种匹配算法，通过相关描述将一个资源请求和一个资源供应进行匹配。在设计分布式云平台时，匹配算法是资源配置中的一个基本构建块。它基本上解决了“我可以在这台机器上运行这个任务吗”的问题。我们通过区块链存储智能合约来描述计算资源的特征，如内存容量、CPU 类型、磁盘空间等。有些合约描述的是运行一个任务或部署一个虚拟机实例的要求（如最小磁盘空间、内存、GPU 运行的要求、预计管理程序等）。

在分布式系统中，调度算法会分配一些任务在相关计算资源上执行。调度程序是分布式计算系统的一个重要组成部分，应用程序执行的性能主要取决于它的有效性。调度程序面临的一个特别挑战是设计多标准调度，即一个算法中有多个策略来选择计算资源和调度任务。

基于区块链的分布式云计算的技术不仅仅存在于理论中，众多采用这些技术的应用项目如 Golem、iExec、SONM 等已取得一些进展。Golem 希望建立在以太坊上的去中心化的 GPU 计算资源租赁平台；SONM 正在打造通用的去中心化的超级计算机；法国区块链技术公司 iExec 为所有计算资源相关的供应商（计算服务商、数据供应商、应用程序供应商）提供了一个资源共享交易的可信平台。融入了独有的贡献证明共识协议和英特尔最新的安全可信技术（Intel SGX）来确保平台的可信度和平台上数据的安全性，支持从高性能计算到物联网在内的多个领域的应用程序。

区块链的众多优势使其可以很好地解决现有一些技术所面临的瓶颈问题，利用这些优势和传统云计算技术相结合，将促进基于区块链的分布式云计算领域的一些突破和应用，为大规模的应用打下基础。

4. 云计算与区块链的另一种融合方式

区块链与云计算两项技术融合发展，为区块链技术和应用提供了基础设施支撑，降低平台部署的时间及人力成本。同时，IT企业相继推出的BaaS（区块链即服务），更是有力推动区块链向更多领域拓展。

区块链与云计算两项技术的结合，从宏观上来说，一方面，利用云计算已有的基础服务设施或根据实际需求做相应改变，实现开发应用流程加速，满足未来区块链生态系统中初创企业、学术机构、开源机构、联盟和金融等机构对区块链应用的需求。另一方面，对于云计算来说，“可信、可靠、可控制”被认为是云计算发展必须要翻越的“三座山”，而区块链技术以去中心化、匿名性以及数据不可篡改为主要特征，与云计算长期发展目标不谋而合。

从存储方面来看，云计算内的存储和区块链内的存储都是由普通存储介质组成。而区块链里的存储是作为链里各节点的存储空间，区块链里存储的价值不在于存储本身，而在于相互链接的不可更改的块，

图 4-6　区块链与云计算的融合

是一种特殊的存储服务。云计算里确实也需要这样的存储服务。比如结合“平安城市”，将数据放在这种类型的存储里，利用不可修改性，让视频、语音、文件等成为公认有效的法律依据。

从安全性方面来说，云计算里的安全主要是确保应用能够安全、稳定、可靠的运行。而区块链内的安全是确保每个数据块不被篡改，数据块的记录内容不被没有私钥的用户读取。利用这一点，如果把云计算和基于区块链的安全存储产品结合，就能设计出加密存储设备。

自 2014 年起，多家互联网巨头就看到了区块链的潜在价值，相继布局区块链云服务，即利用区块链技术搭建的云计算服务平台 Blockchain-as-a-service（BaaS）。

BaaS 译为“区块链即服务”，最开始是由 IBM 和微软提出。微软 2015 年 11 月宣布在 Azure 云平台中提供 BaaS 服务，IBM 在 2016 年 2 月宣布推出区块链服务平台。之后，越来越多的互联网巨头公司以及区块链垂直领域公司加入 BaaS 研发中。对全球科技公司而言，拥有安全性更高、可扩展性更强的 BaaS 平台，是未来在区块链之战中更具主动权的关键。

第五节　区块链与边缘计算

1. 边缘计算产生背景

过去的十年中，云计算提供了无限的计算、存储和网络等资源。然而，这种传统的中心化的云计算模式存在以下问题：

（1）延迟过高，边缘设备产生的数据将会提交到数据中心进行处理。首先，传输过程是耗费时间的，通信技术的发展限制了网络传输速度且复杂的网络环境导致时延变得更高。其次，网络边缘的数据呈爆炸式增长，而云的计算能力却呈线性增长，并不能满足大数据处理的实时性需求。针对工业物联网、自动驾驶、虚拟现实等众多实时交互的应用场景，从感知到执行整个过程需要低延迟的响应需求。如车联网中需要服务器能够及时为行驶中的车辆提供不同的服务（共享车辆位置、测量车与车之间的间距、实时导航、判断道路车流路况与其他车辆通信等）并立即作出反馈，否则会造成严重后果。因此，需要低延迟的处理方式为用户提供安全、高效、智能的服务。

（2）带宽不足，海量的边缘数据传输到云端将会使网络带宽负载急剧增加，然而大部分都是临时数据，无须长期存储。此外，网络带宽的增长速度仍然很慢，其成本比 CPU、内存等硬件资源下降的成本慢得多。

（3）成本高，物联设备的增加会导致中心云计算服务支出成本增加。一方面，物联设备如完备的智能家居会产生大量数据（视频监控一天可能产生几十 GB 的数据），这些数据传输到云端提高了带宽和存储成本；另一方面，同一局域网下的两台智能家居即使相距不到一米，也需要通过云进行通信，提高了通信成本。

（4）安全性低，云计算模式下，用户的数据都在数据中心存储，这种中心化的数据收集和处理方式，不但可能因僵尸物联网造成大规模网络瘫痪，还有可能导致用户数据被第三方云服务商非法利用，无法从根本上保证用户对数据访问进行细粒度的控制，极大危害用户的隐私。

（5）能耗问题，根据华为瑞典研究院 Anders Andrae 的报告，全球数据中心建设成本每年高达 200 亿美元，消耗的能源达到全球能源消耗的 2%，到 2030 年预计达到 11%[38]。Sverdlik 统计显示，到 2020 年美国所有数据中心的耗能将增长 4%，能耗将成为云计算处理的瓶颈[39]。

（6）资源约束，移动智能设备不断增多，但它们自身资源有限，存储、计算性能及能效等方面十分匮乏，在处理计算密集型和时间敏感型的任务时能力不足，使用受限。

在传统云计算模型体现出不足和新的物联网应用需求下，边缘计算应运而生。边缘计算是一种新型的在网络边缘执行分布式计算的范例，能够将原有云计算中心的部分或者全部任务迁移到网络边缘，缓解网络带宽和数据中心压力，增强服务的实时响应能力。其核心理念是“计算更靠近数据源”。美国韦恩州立大学的施巍松等人指出边缘计算中的“边缘”是指从数据源到云计算中心路径之间的任一计算、存储和网络资源[40]。需要明确的是，边缘计算和云计算并不是非此即彼的关系，而是相辅相成、互相补充、相互结合的。

云－边－端三层架构如图 4–7 所示：端指的是终端层，通常由各种终端设备组成，如传感器等，它们容量有限，处理能力不足。云端通常是大型数据中心，为用户提供强大的计算和存储能力。边指边缘层，位于终端和云中间，一般配备多台边缘服务器。边缘服务器的处理能力介于终端设备和云数据中心之间，能够支持网络中大部分流量以及资源需求，在边缘网络下执行应用中计算密集型和延迟敏感的部分，满足实时数据处理、缓存和计算卸载等需求。

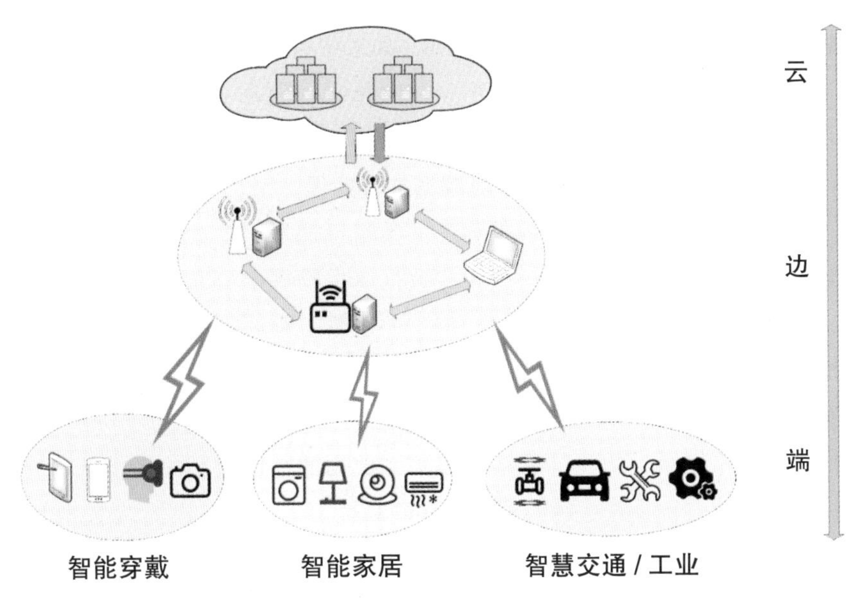

图 4-7　云 - 边 - 端三层架构示意图

2. 边缘计算发展历程

在边缘计算产生之前，有很多聚焦于靠近数据边缘进行数据处理的相关研究，比如分布式数据库、对等网络、内容分发网络、移动边缘计算、雾计算等。

内容分发网络（Content Delivery Network, CDN）是 1998 年 Akamai 公司提出的一个智能的虚拟网络。其理念是部署缓存服务器到用户访问集中的地区或网络，由中心平台负责调度和分发，使用户就近获取内容，降低网络拥塞，提高访问速度和命中率[41]。CDN 边缘服务器离客户近，并具有丰富的可用内容资源，能够实现大规模扩展。边缘计算相对 CDN 来讲，更加强调计算而不仅仅是内容的缓存和分发，并将"边缘"的研究范围从边缘服务器扩展至数据源至云计算的任意中心路径。

移动边缘计算（Mobile Edge Computing, MEC）由欧洲电信标准协会（ETSI）提出，利用无线接入网络为用户提供所需要的服务和计算，同样因为接近移动用户而具有较低的延迟和较高的带宽，能够提高用户体验。通常认为移动边缘计算中的移动终端设备不具备计算能力，将计算任务卸载到边缘服务器或云服务中心进行，而边缘计算中的终端设备有一定的计算能力，能执行部分任务。

雾计算（Fog Computing）的概念与边缘计算概念相似，都是在数据源附近对数据进行处理，降低延迟。如果要对它们进行微妙的区分，可以认为雾计算的范围更大，不仅包含物联网设备节点还包含网关，可在单独的网络节点（如物联网设备本地或网关）对数据进行处理，而边缘计算在物联网设备本身对数据进行处理。

大数据时代到来使得数据种类的数量迅速增长，分布式数据库成为大数据处理的核心技术。分布式数据库由物理上分布在不同地理位置的多个局部数据库共同组成，但它们逻辑上是一个统一的整体，主要用于实现数据的分布式共享和存储。数据由这些不同的局部数据库进行存储和管理，应用程序可以通过网络对数据库进行访问。相对分布式数据库来讲，边缘计算不仅仅关注数据的存储，还关注设备端的异构计算能力，具有更高的可靠性和隐私性。

从整个时间发展来看，2015 年之前可以算是边缘计算的技术储备期，2015 年之后，国外产业界和学术界开始布局边缘计算发展。2015 年 9 月，欧洲电信标准化协会（ETSI）发表关于移动边缘计算的白皮书。2015 年 11 月，思科、ARM、戴尔、英特尔、微软和普林斯顿大学 Edge 实验室联合成立 OpenFog 联盟，旨在用开放式的雾计算架构为云端到物联网终端带来无缝衔接和互动，改善物联网海量信息传至云端时带来的带宽压力。2016 年 5 月，美国自然科学基金委（National Science Foundation, NSF）将计算机系统研究的突出领域由云计算改为边缘计算，并在 10 月举办边缘计算重大挑战研讨会。2016 年 5 月，美国韦恩州立大学施巍松教授团队正式定义了边缘计算，并在 10 月创办首个以边缘计算为主题的学术会议 SEC。此后，ICDCS，INFOCOM 等计算机领域高水平的国际会议也开始增加边缘计算主题分会。

与此同时，国内产业界和学术界也在大力发展边缘计算。2016 年 11 月，华为技术有限公司、中国科学院沈阳自动化研究所、中国信息通信研究院、英特尔、ARM 等在北京成立了产学研结合的边缘计算产业联盟。2017 年 5 月举办首届中国边缘计算技术研讨会，同年 8 月成立中国自动化学会边缘计算专委会。2018 年 1 月，《边缘计算》书籍出版，阐述了边缘计算的需求、典型应用、系统平台及实例、面临的挑战等方面。8 月，全国计算机体系结构学术年会以“由云到端的智能架构”为主题。9月，世界人工智能大会以“边缘计算，智能未来”为主题举办边缘智能论坛。12月，中国电子技术标准化研究院发布《边缘云计算技术及标准化白皮书》，定义了边缘云计算的概念和标准等。之后，各大互联网企业也在加快步速实现边缘计算服务落地。2018年阿里云IoT边缘计算产品Link Edge，将阿里云的计算能力扩展至边缘；百度云自主研发全国首个开源边缘计算平台OpenEdge和云端管理套件配合使用，满足工业互联网应用；2019年腾讯云推出物联网边缘计算平台。这些边缘计算平台不但能够在用户最近处执行计算，提供稳定、安全可靠、低延迟的本地计算，还结合各种前沿AI学习、视频、语音等功能随时随地为用户提供智能化个性化的服务。国内边缘计算的发展日益受到业界重视，一步步走向成熟。

虽然目前边缘计算还处于发展初期，但与边缘计算相关的5G、边缘人工智能（Edge AI）、边缘分析（Edge Analytics）在物联网大数据时代的重要性愈加凸显，未来5~10年内将迎来爆发式增长。

3. 边缘计算的优势与不足

边缘计算在分布式网络边缘执行网络、存储和计算，能有效地实现服务支持和管理。物联网的发展加速了边缘计算的成熟，边缘计算的出现为智能交通、智慧农业、智能医疗、智慧城市、智能工厂等领域带来巨大突破，两者相互促进。

第一，边缘计算最大的优势就是延迟低，减少带宽。因为边缘服务器位于网络边缘，靠近用户数据产生的地方，所以数据将在本地物联网设备或边缘服务器被计算处理，无需往返于各云计算平台，这能够极大降低网络延迟。比如自动驾驶汽车通常配有多个摄像头和激光雷达等传感器，它们每秒都在产生大量数据。这些数据可以直接被发送到本地网关进行处理，在几毫秒或者几秒钟内做出故障警报，充分保障乘客的安全。数据不必全部传输到云计算中心，从而节省了大量带宽和成本。根据市场调研机构Wikibon的调查显示，将云计算和边缘计算结合，成本只有单独使用云计算的36%[42]。

第二，边缘计算提供高扩展性。相对传统的云计算模式来讲，物联网和边缘设备结合使得企业能够以较低的成本灵活地扩展其计算能力。因为扩展IT基础架构的成本十分昂贵，需要投入大量的资金购买新的设备，并包含选址、散热和消防系统等工程建设、设备安装、设备调试等巨大的工作量，所以对当前的数据中心进行扩展非常困难。

而边缘计算可以与托管服务相结合，帮助企业扩展边缘网络，而不必建立一个新的集中式的数据中心。此外，边缘网关占地面积小，并且能够紧密地部署到物联网相关设备上，实现高扩展性。

第三，边缘计算的可靠性。云计算中心如果发生单点故障则会影响连接的成千上万个设备，而边缘计算是以分布式的方式部署，具有高可靠性。虽然边缘计算场景下，数据不需要传到云数据中心，在一定程度上减少了数据泄露的风险，但是其安全性仍然是一项重大挑战。

主要有以下几个方面：

1. 控制层安全问题。边缘计算实际上是位于网络边缘的小型云计算中心，具备类似云计算的中心化控制层，所以同样存在着用户数据和隐私的丢失、篡改、泄露、非法使用等安全问题。

2. 网络层安全问题。本身互联网的分布式控制的网络管理负担就比较大，而边缘计算环境具有高动态性和开放性，使网络更容易受到攻击（干扰攻击、嗅探攻击等）。数据、网络、计算平台等具有高度异构性，使得网络更难管理。

3. 数据存储安全问题。边缘设备负责收集和存储移动终端用户的数据，数据被分成多份存储在不同的位置，容易导致数据的丢失和错误存储，难以保证数据的完整性和可靠性，而采用传统的纠删码等方法检测和恢复损害的数据则会使存储开销大大增加。此外，虽然边缘设备存储了用户数据，但用户才是数据的所有者且有权限制服务商使用或修改这些数据，所以如何加强对用户隐私数据的保护成为一项重要挑战。

4. 区块链与边缘计算的结合

区块链和边缘计算具有相同的分布式的网络基础设施，并同时具备存储和计算功能，这为两者结合提供了可能。边缘计算的优势在于以分布式的方式实现高扩展性，但是具有安全性需求，而区块链的优势在于安全性和隐私性高，目前需要提高系统的可扩展性，两者的优劣互补，可进行有机融合。

物联网终端设备可以在边缘服务器中存储数据，使用区块链技术保证数据的可靠性和安全性，边缘计算和区块链融合能够提升物联网设备的整体性能。一方面边缘计算的服务器能够充当物联网设备终端的“局部大脑”，负责存储和处理同一场景下不同物联网设备提交的数据和任务，并优化整个局部系统环境。另一方面，物联网终端设备可以将数据提交到边缘计算服务器，并在区块链技术的帮助下获得公私钥，进行身份验证，保证上传数据的可靠性和安全性。两者融合的同时也能为将来物联网设备按服务收费,代币激励用户主动提供存储、计算资源等多种发展方式提供了可能性。

第一，使用区块链为边缘计算增加安全性和隐私保护。在进行端边协同或边缘协同时，用户可能会在多个边缘服务器的覆盖范围下移动，这时本地的终端设备或多方边缘服务器上存储着与用户相关的大量数据片段，数据安全性受到挑战。使用区块链技术，在没有第三方的情况下，每个用户管理自己的密钥，并通过智能合约判断该用户是否对资源或数据具有访问和使用权限，实现身份验证。这样可以保证系统访问可靠执行，防止攻击者假冒用户非法使用数据，保证用户合法权益。同时，区块链的匿名性能够保证用户元数据（来源、内容、目的地等）对其他任何人不可见，从而实现隐私保护。

第二，使用区块链保证数据可靠性。由于边缘计算节点是进行分布式控制的，用户具有可移动性。当用户在不同的边缘服务器范围内移动时，需要进行服务器切换和任务迁移，这时要保证不同服务器之间数据的一致性。区块链在每个全节点都保存有一致的账本，且经过共识以透明的方式对数据进行数据完整性验证，保证用户数据的准确性、一致性和有效性，提高系统可靠性。

第三，使用区块链进行智能资源调度。相对于传统的分布式系统的资源调度策略，边缘计算系统不仅要分布式处理各个节点的计算任务和资源，还要考虑其资源有限性、环境异构性、用户的可移动性。可以使用区块链的智能合约为请求的服务自动运行按需的资源调度，最大化利用有限资源提高应用程序的运行效率和用户体验。同时，对于服务（资源）提供商，区块链不仅能够进行资源使用的可追溯，对资源变化情况进行实时的监测和追踪，便于提供个性化的服务，还能实现资源利益的最大化，降低运营成本，提高服务商利润空间。

第四，区块链激励资源共享。边缘节点的去中心化程度更高，每个节点拥有计算、存储等闲置资源，节点可以通过出租给其他有需求的节点从而将这些资源利用起来，并获取相应的奖励。比如将硬盘资源出租用来存储数据，将计算资源出租用来执行某些计算任务。用户的奖励则可以通过区块链中的代币进行支付，同时也可以用这些代币去租赁某些计算或存储服务。代币能进一步激励用户进行资源共享，符合“共享经济”市场的需求。

第五，云边端层级架构为区块链提供存储环境。区块链中的联盟链只允许授权的节点加入，而私链则由一个机构管理。这种划分与边缘层和终端层的网络架构刚好契合。区块链的存储空间有限，但是对于某些必须存储大量数据的应用（如多媒体），可以将数据打包，离线存储到云服务器中。边缘节点可以作为联盟链中的节点，不同的边缘节点可以通过授权进行特定数据的共享。每一个联盟链的节点即边缘节点可以在局域网内拥有自己的私链，为数据提供独立的保密环境，如图 4-8 所示。

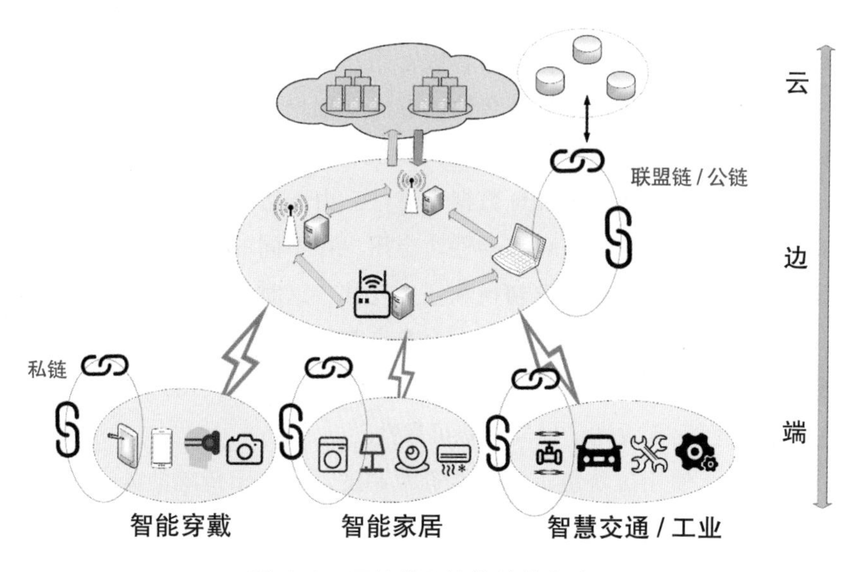

图 4-8　区块链和边缘计算集成

5. 区块链和边缘计算集成应用

目前边缘计算和区块链已经在多个领域进行了集成应用。

（1）物流领域

菜鸟和阿里云正在探索边缘计算和区块链结合在供应链领域的应用。菜鸟是阿里巴巴集团下的物流部门，支持国内 24 小时和国际 72 小时交付。阿里云为菜鸟的公共云门户网站“Link”提供了一个物流信息平台，借助区块链产品溯源能力为买家、货运公司和卖家提供实时物流信息查询服务，其中最具有挑战性的工作即数据共享。之前依赖于阿里云网络，为供应链中的客户提供数据驱动服务，并基于云数据平台的物流数据，进行智能最佳路线算法分析。但对于无人值守的物流和服务中心，菜鸟则依赖边缘计算服务器和物联网设备完成实时物流数据共享，控制储物柜门安全打开和关闭等任务。此外，菜鸟还在探索使用边缘计算和物联网探索物流新方法，比如不仅仅局限于货物的位置信息共享，还有气候、温度等其他信息，这对于提高物流的速度和准确性具有重要意义，能够提高整个供应链的效率。

（2）计算资源交易

Golem[43] 是第一个基于以太坊区块链打造的计算资源交易平台，这种去中心化的算力交易平台能够打破集中式算力市场垄断，显著降低算力价格。Golem 中包括算力供应者、算力请求者、应用开发者、应用验证审核者等多种角色，实现多方共赢。算力供应者出租空闲的算力获得相应的奖励，Golem 负责将全球各种形式的算力资源（如家庭电脑、小型数据中心、大型数据中心等）整合为可用算力，从而实现计算能力的全球共享。算力请求者在应用登记处选择符合自己需求的应用和算力，并为选择的软硬件组合支付相应的费用。应用开发者可以通过 Golem 提供的 API 开发应用，并在应用登记处注册，赚取一定的报酬。应用验证审核者是一个开放的群体，每个人都有一定的声望值，负责对应用登记处的应用进行验证，并将被验证的项目纳入黑名单或白名单，帮助筛选更加高效安全的网络应用程序。

DADI[44] 也基于以太坊区块链打造边缘计算网络，是一个全球化的去中心化云平台，能够为所有人提供可伸缩的基于区块链的分布式云 Web 服务。Web 服务围绕微服务架构组织，提供了一系列用于构建数字产品的智能应用程序。用户可以通过 DADI 找到最近的、最合适的计算中心分配任务，从智能手机、笔记本电脑、游戏机到超级计算机集群的任何设备都可以作为矿工加入网络，出售计算能力。贡献算力的节点（矿工）通过工作量证明进行管理，更新信誉度最高的性能良好的主机。该平台使用由分布式资质组织（DAO）组织而成的高效雾计算（边缘计算），而不是使用集中式的云机构。DADI 系统目前已经在 56 个国家 / 地区创建了节点，是一个高度安全、经济高效的基于区块链的网络。

（3）工业化应用

工业 4.0 将智能信息技术集成到“智能互联工厂”中，建立更加高效、灵活的生产系统，实现新的业务模型。FAR-EDGE[45] 为基于边缘计算的工业自动化提供了解决方案，使用区块链技术将数字信息模型与工厂的实际状态同步。使用边缘网关设备进行边缘层计算，并与区块链、智能合约进行协调。整个系统架构从下往上共分为四层，边缘节点层、边缘网关层、对等节点层、云架构层。边缘节点层包括智能物联网设备；边缘网关层则配备有边缘分析器、边缘自动化服务，进行数据的分析和路由；对等节点层是分布式的账本；云架构层则会开放 API 进行自动化、虚拟化，同时包含一些中心化服务。

（4）医疗应用

医疗数据的共享、防篡改、防泄漏一直是医疗行业的巨大挑战。医院的各种医疗设备作为终端节点会产生与患者就诊相关的大量数据（如电子健康档案、遗传数据、家族病史、生命体征等），医疗数据的收集涉及患者的隐私，引发许多法律和道德问题。目前大多数医院之间通过病历、检验单等纸质信息实现一定程度上的医疗信息共享，而随着技术发展，患者的医疗数据被保存到本地医院的数据库中。每个医院可以作为一个边缘节点，对本医院的全部数据进行存储和计算。不同的医院之间形成联盟链，达成协议，认可联盟医院的就诊结果并对患者信息进行访问授权。这样当病人在转诊时，既可以保证医院之间进行病人信息的共享，又能保护病人的隐私。所以同时利用边缘计算和联盟链能够实现医疗数据的安全共享和存储，助力医疗系统的完善和成熟。

区块链和边缘计算进行融合还可以有很多应用场景，比如某些共享类应用，利用区块链分布式记账和共识特性，实现边缘场景下各角色数据和资源的共享；存证类的应用（视频、物联网数据防伪、个人数据等）使用边缘设备进行数据存储，并使用区块链进行数据的完整性和一致性验证，保证数据防篡改；某些安全类应用（终端设备认证、IT/CT 域互信等），使用区块链实现边缘设备的接入认证、网络和应用安全等功能。

第六节　区块链与 5G

在 5G 时代，5G 和区块链是相互赋能的关系。如果把信息网络比作交通网络，那么联网设备就是汽车，5G 技术就是高速公路，而区块链则是交通规则，它能够确保高速公路上的数据传输更安全、更准确。也就是说，5G 能够使联网设备更快速地传输数据，区块链则保证传输过程的高效与安全[46]。

1.5G 技术发展背景

以 20 世纪 80 年代第一代移动通信技术（1G）发明为标志，经历三十多年的持续发展，移动通信极大地改变了人们的生活方式，并成为推动社会发展最重要的动力之一。从移动通信产业的发展历史来看，大约每隔 10 年会进行一次换代，以满足人民群众和各行各业涌现出的新需求。

1980 年代上市的 1G 模拟语音系统（企业私有标准，代表企业 Motorola），解决了通信的移动化，大大促进了人类信息通信的能力，为经济不太发达地区和偏远地区提供了通信能力。

1990 年代上市的 2G 数字语音和短信系统（ETSI 等区域标准，代表企业 Nokia/Ericsson），使人类进入数字通信时代，不仅可以传输语音，还可以传输短信息形式的文字信息，通信的品质更高，也更安全。

2000 年代上市的 3G 移动互联网系统（3GPP/3GPP2/IEEE 三家标准组织，代表企业 Apple/Ericsson），使人类进入数据通信时代，手机从打电话的工具变得更加智能化，可以实现更多的功能。

2010 年代上市的 4G 移动宽带系统（3GPP/IEEE 两家标准组织，代表企业 Apple/Huawei），意味着移动互联网时代的到来，位置、社交、移动支付这些全新的能力大大改变了人们的生活。移动支付、移动电子商务、直播电商的爆发，现金使用的减少，社会信息沟通能力的大幅度提高，给人类社会带来许多有价值的变化。

已经到来的 5G（ITUIMT2020）超宽带、万物互联系统（3GPP 一家标准组织，代表企业 Huawei），将会提供改变世界的新能力，除了提高速度之外，低功耗、低时延，将全面使能智能社会，迎来全球大一统的通信标准，真正实现全球通的用户体验理想，使能千行百业。

2. 什么是 5G

第五代移动通信技术（5th-Generation，简称 5G）是最新一代蜂窝移动通信技术，也是继 2G（GSM）、3G（UMTS、LTE）和 4G（LTE-A、WiMax）系统之后的延伸。5G 的性能目标是高数据速率、减少延迟、节省能源、降低成本、提高系统容量和大规模设备连接。5G 可以在每平方公里内同时支持 100 万个以上的移动连接，毫秒级的端到端时延，每平方公里数十 Tbps 的流量密度，每小时 500KM 以上的移动性和 20Gbps 的峰值速率。其中，用户体验速率、连接数密度和时延为 5G

最基本的三个性能指标。同时，5G 还需要大幅提高网络部署和运营的效率，相比 4G，频谱效率提升 3 倍，能效和成本效率提升百倍以上。

5G 的系统设计使得移动通信替代固定宽带成为可能。解决人与人的通信需求之后，怎么解决人与物、物与物的通信需求是 5G 的重点，由于采用了一系列技术创新，如更加精细化的调度方案（F-OFDM 基于子带滤波的正交频分复用、网络切片、Grant-free 等）和无线增强技术（Polar 码、Massive MIMO、3D-Beamforming 等），使 5G 成为确定性网络，为实时性和安全性要求高的工业应用打下了基础，也将因此而改变社会。这也就是为什么说“4G 改变生活，5G 改变社会”。

5G 未来将渗透到社会的各个领域，拉近万物的距离，使信息突破时空限制，提供极佳的交互体验，最终实现“信息随心至，万物触手及”。未来接入到 5G 网络中的终端，不仅是手机，还会有眼镜、手表等可穿戴设备，冰箱、电视机、洗衣机等家用设备也可以通过 5G 接入网络。同时社会生活中大量未联网设备也将会联入 5G 网络，变得更加智能。例如，井盖、电线杆、垃圾桶这些公共设施，以前管理起来非常难，也很难做到智能化，而通过 5G 联网，这些设备将有可能转变成为智能设备。

5G 与区块链拥有各自的优势和劣势。5G 的优势在于网络覆盖广、数据信息传输的速率高、通信时延低及支持海量连接，有利于构建和提升数字化的社会经济体系。然而，作为一项底层网络通信技术，5G 存在一些亟待解决的问题。在用户隐私信息安全、线上交易信任确立、虚拟知识产权保护等领域，5G 仍存在短板[47]。

区块链技术旨在打破当前依赖中心机构信任背书的交易模式，用密码学的手段为交易去中心化、交易信息隐私保护、历史记录防篡改、可追溯等提供技术支持，其缺点包括业务延时高、交易速率慢、基础设备要求高等。

5G 和区块链技术结合有利于数字化社会经济的安全健康发展。5G 是通信基础设施，为传递庞大数据量和信息量提供了可能性，同时，快速的传输速度大大提升了数据传输的效率。区块链作为去中心化、隐私保护的技术工具，协助 5G 解决底层通信协议的部分短板，比如隐私、安全、信任等问题，在 5G 时代发挥重要作用，以提升网络信息安全，优化业务模式。

3.5G 对区块链的促进作用

5G 与区块链相互促进、相互影响。5G 网络的高速率、低时延、高可靠特性提高区块链性能，其创造的万物互联将产生更多的可上链数据；而区块链的去中心化工作模式对 5G 网络的稳定性带来挑战的同时，也可对 5G 网络安全性提供保障，并提升数据价值。主要体现在三个方面：

一是共生关系。5G 技术支撑区块链让更多的终端接入网络，数据在无线环境下传输更快、容量更大，从而促进更多的链下数据上链，为区块链网络点对点的信息传输和交换提供绝佳的基础设施服务，提升整个区块链网络的性能，极大地扩展区块链的应用范围。而区块链技术又为 5G 网络的优势提供一种新领域的延伸，促使 5G 实现真正的点对点的价值流通。

二是相互赋能。5G 高速率、大带宽和低时延三大特征将会极快提升区块链数据同步和共识算法的效率，使区块链功能最大化。而区块链技术构建的点对点去中心化网络，通过共识机制和加密算法，保障了数据的安全，并大幅度提升终端交易的效率，降低交易成本，促使 5G 实现真正的点对点的价值流通。所以说 5G 和区块链的结合，取长补短，相得益彰。

三是塑造新型商业模式。5G 技术支撑区块链让更多的终端接入网络，而促进更多的链下数据上链，我们认为各类终端从最早的上网、到之后的上云，到现在的上链，是一种新型云网协同机制的趋势。随着海量无线终端的接入，形成新的化学反应，将在各行各业塑造出更新更多的商业模式，推动一系列相关应用场景的出现。

区块链的去中心化是区块链的核心工作模式，对 5G 网络的稳定性带来挑战。为实现去中心化环境下的相互协作，区块链引入点到点的通信、事件消息全域广播、数据副本存储等协作机制。当存在大量的区块链应用和海量的区块链应用节点相互通信时，5G 网络将可能面临不确定性的局部网络拥塞（如网络信令响应、网络带宽支持等）并可能难以定位和维护，将会影响网络整体效率和用户体验。

5G 将大幅度提升区块链网络的性能和稳定性，5G 拥有更快的数据传输速度，可以以每秒高达 10GB 的速率传输数据，借助 5G 网络，区块链系统的交易速度将会更快，区块链中各类应用的稳定性也将得到质的提升。

5G创造的万物互联为区块链带来更多可上链数据，5G技术能够给物联网带来更广的覆盖、更稳定的授权频段、更统一的标准，从而对基于物联网的区块链应用提供有力的支持。5G驱动智能设备大量采用，意味着区块链将拥有比以往更多的数据，而这些数据将极大地推动技术的全球化。因此，依托高速的5G通信技术，以及物联网、大数据和人工智能等各项技术的发展，区块链将能为全球上万亿的商品提供稳定的跟踪、溯源能力和分布式的点对点交易功能。

4. 区块链对5G技术的促进作用

5G的优势在于信息传输速率高，网络覆盖面广，通信时延低，并且可以接入海量设备。不过，在5G建设和运营时，很多较难解决的问题大量存在，如隐私信息安全、虚拟交易信任缺失、虚拟知识产权保护等，区块链技术恰好可以弥补这些缺陷。

（1）区块链为5G应用场景提供数据保护能力

5G时代的网络速度将得到大幅度提升，数据量急速增长，更多的计算和存储要由智能终端和边缘计算节点来承担，这就对数据保护能力提出了更高的要求。区块链具备去中心化、交易信息隐私保护、历史记录防篡改和可追溯等特性，特别适合对数据保护要求严格的场景。

区块链是应用密码技术的代表，它可以重构网络安全边界，建立设备之间的信任域，使网络设备之间安全、可信、互联。同时，终端去隐私化的关键行为信息上链后，会分布式地存储在区块链的各个节点上，数据完整性和可用性能够得到保证，这有利于构建智能协同的安全防护体系，防止出现中心数据库的原始数据被篡改和盗窃，甚至中心数据库管理者“监守自盗”等情况。

（2）区块链能够促进5G实现点对点的价值流通

运营商在建设5G网络时，重点布局分布式应用场景，如车联网、智慧城市、远程视频等，而区块链在这种布局架构下，能够做到无需中心机构确权，由去中心化的节点在链上确权和分发，就能实现点对点的价值交换，无须再通过中心化的中转和交换来支付费用，极大地提升了终端的交易效率，减少了交易成本。

（3）区块链能够促进5G通信设备的管理

对于通信运营商来说，管理海量、复杂的通信设备一直是一个巨大的挑战，具体有两个方面的原因：一是通信网络中存在大量设备，设备种类多、厂家多、批次多，分属于多个领域，很难形成透明化、穿透式、全生命周期的管理；二是通信设备巡检方式仍在向数字化/智能化转型，巡检数据的自动采集、可信存储、记录溯源、智能分析等全流程技术尚未完备，数据分析较为困难。

针对以上问题，区块链技术可以带来新的解决方案。区块链的底层数据存储，结合 IOT、AI 等技术，能够为运营商提供设备巡检和设备全生命周期的管理服务，提高设备巡检的质量和效率。

（4）区块链能够促进 5G 网络管理

由于区块链具有不可篡改和可追溯的特性，所以其能够应用在告警信息管理和操作日志管理等网络管理的场景。

告警信息管理。5G 网络的正常运行和维护离不开告警信息，告警信息可以使用户更清晰地了解设备当前的使用情况。当设备发生故障时，告警信息会非常多，网络管理系统提供了多种告警信息过滤和告警相关性的设置，设置好后可以只显示用户最关心的告警信息。同时，对于那些高级别的告警信息，可以将其上传到区块链系统中，实现关键告警信息的可信存储和不可篡改，以便于对告警信息进行追溯和分析。

操作日志管理。网络管理系统具备日志管理功能，其能够记录网络管理系统运行和操作动作，包括运行日志和操作日志。运行日志主要记录网络管理的进程运行情况，发现网络管理运行的问题。操作日志主要记录操作员的登录、退出和操作命令等人为使用情况。

操作日志在上链存储后，就具备了高度可靠、不可篡改、安全性高和时序不可逆等特性，日志记录的行为可以随时进行追溯。

5. 区块链促进 5G 通信应用与业务拓展

区块链对 5G 通信应用与业务的促进作用主要体现在四个方面：

第一，数字身份认证。数字身份认证分为面向个人的数字身份认证和面向物联网设备的数字身份认证。

面向个人的数字身份认证随着技术的发展，正在从中心化认证到区块链去中心化认证演变。在区块链数字认证方案中，私钥拥有者可以借助非对称加密推导出相应的地址，以此作为身份的唯一标识符，然后通过智能合约关联身份属性。用户可以选择性地公开身份数据，也可以授权给第三方使用。由于区块链的去中心化特性，通信服务商之间不必维护用户的身份信息，从区块链公开或授权的信息中获得想要的信息即可。借助区块链技术，个人隐私数据不会被泄露和盗取，通信运营商对用户身份数据的使用有了合法和合规的技术基础，且通信运营商可以基于大量用户数据为其提供便捷、安全的身份认证服务。

面向物联网设备的数字身份认证网络架构不断优化，设备连接数和业务规模迅速增长，通信运营商面对着更多产业合作方，这一切都需要建立在安全的互信合作与对海量物联网设备进行安全管理的基础之上，而区块链技术提供的信息安全保护机制恰好可以在这一方面提供助益。在区块链系统中，每个设备都有自己的区块链地址，并使用加密技术和安全算法保护设备的身份，从而保证该设备不受其他设备的影响。在区块链中可以构建 PKI 数字证书系统，使设备供应商和运营商之间建立信任关系，将传统 PKI 技术集中式的证书申请和状态查询通过分布式来实现。设备可以利用 PKI 数字证书系统自行生成并提交证书，区块链节点使用智能合约验证和写入证书。要想使用证书，使用方可以通过区块链检查证书是否正确和有效。总之，区块链技术提升了传统 PKI 技术的易用性，并扩展了其应用场景。

第二，数据流通与共享。目前电信数据的流通与共享存在诸多问题：数据交易的规范性和完备性不足，数据确权、数据定价等核心问题还没有得到全面解决；对数据安全和隐私保护有了更高的要求，但缺乏必要的技术手段；“中心化”数据流通方式尚未在电信业获得足够的公信力。有了区块链技术后，就可以构建去中心化的数据流通体系，共享数据元信息、样例数据、数据获取需求、数据交易及权属流转信息；在产生数据资源或流通之前，可以将确权信息与数据资源绑定并登记存储，以有利于维护数据主权；智能合约可以实现链上支付、数据访问权限自动获取，使交易自动化水平得到提高。

第三，国际漫游结算。电信运营商之间的漫游关系相对来说比较松散，目前在国际漫游结算方面有四个问题需要解决：在解决争端时，协调成本和时间成本较高；传输漫游协议文件时，极易受到人工干预的影响；漫游处理时效较长，容易产生计费 / 财务 / 欺诈等运营风险；漫游管理模式不够统一，很容易引发争议。在区块链环境下，各漫游运营商能够可信、互认地共享漫游协议与财务结算文件；通过智能合约，执行漫游协议与公参，实现漫游资费自动配置与生效的一条龙管理，最终减少各运营商巡检和处理协议文件的人工工作量，以及与海外运营商进行申告处理的时间。

第四，数字钱包。数字钱包相当于银行账户，用户可以通过分散的方式存储、接收和向他人发送数字化资产。在5G时代，应用会更加丰富，而且会出现全新的商业模式，付费应用将不断出现。通信运营商可以利用区块链进行小额资金支付，以支持音视频、手机游戏和其他此类服务的小额支付。运用区块链技术，只要拥有互联网连接的人都可以创建自己独特的钱包，该钱包在与此类资产的加密网络交互时会自动注册自己的私钥和公钥。私钥是所有者获得访问此类钱包的唯一身份或密码，公钥是所有者用来发送或接收数字资产的地址。由于每一笔交易都记录在具有加密安全性的分布式账本中，所以网络中的任何人都可以在保留发送方的匿名组件的同时对其进行审计，这为用户提供了更透明、可跟踪和更安全的网络体验。[46]

第五章 区块链的管控

区块链以其去中心化、难篡改、自激励的特性，使其成为一个由技术驱动但深刻影响着经济、金融、社会、组织形态及社会治理的综合课题。目前，区块链技术的发展尚处于早期阶段，区块链的应用模式、潜在风险以及有效治理等还在探讨之中。政府管理部门和研究机构借鉴全球各个国家或地区的相关经验，对区块链的技术特征、发展空间、潜在风险、法律衔接等问题进行研究预判，为适时、适当地介入区块链管理做好政策储备，同时针对风险可控、适用区块链的相关产业领域，及时发布相关政策或指导意见，引导区块链技术良性创新、理性发展，为区块链产业健康发展营造良好环境。

区块链在为新一代信息技术发展带来新机遇的同时，也因其应用安全和技术特征的特殊性，会面临政策引导、标准化推进、行业管理、法律法规制定等治理方面的一系列挑战。

区块链发展过程中的安全问题和对规范管理的挑战主要来自两方面：

一方面是技术框架不成熟带来的网络信息安全问题挑战。区块链由网络实现，因此其网络协议的各个层次均有可能受到攻击。更为严重的安全隐患来自智能合约。由于智能合约是具有图灵完备性的程序，因此其行为更加复杂，而且代码在分布式网络环境上运行时，潜在风险会大大提升。

另一方面取决于区块链技术的内在特征：去中心化的分布式共享账本特征带来监管主体分散的挑战；自动执行的智能合约带来法律有效性问题挑战；区块链难篡改的特性带来的数据隐私及数据监管技术挑战；激励机制与数字资产特性带来的金融监管挑战。

表 1　区块链技术特征与监管挑战

特征	监管挑战
分布式 共享账本	在不同国家建立的节点的适用法律 存在多个司法管辖的法律主体 新的民商法形式、组织
自动执行 智能合约	智能合约法律定义和可执行性 适用法律 智能合约管理者的责任
难篡改特性	要求更正或删除区块账本中数据的规则 数据保护法律 / 上传到链上的信息无法被遗忘 侵犯第三方权利的内容 非法内容难以删除
激励机制与 数字资产	数字资产、通证化的法律通用定义 相关的投资者保护的最低要求 符合适用规则的监管政策和程序

数据来源：中国信通院

第一节　区块链治理需求

如果把区块链理解为一种新型的数据管理机制或体系，那么区块链的治理目标就是如何让这个数据管理机制或体系更加规范、安全。只有确保了规范、稳定的基础，才能促进高效、健康的发展。

1. 区块链治理难点

区块链与互联网在技术和逻辑上具有一定传承性，理解互联网监管和治理逻辑有助于建立健全区块链监管治理框架。与此同时，区块链与互联网又具有显著区别，仅按照互联网模式进行区块链监管治理存在巨大误区，需要依据区块链不同类型链的特性有针对性地探索相应的治理模式。在区块链中，公有链运行网络是去中心化的，在全球范围内广泛分布的网络节点中建立共享分类账，各节点存储的分类账目完全相同，这与之前的监管对象具有一定区别，需要探索新的监管与治理方式；联盟链的各个节点通常有与之对应的实体机构组织，通过授权后才能加入与退出网络，比较符合当前监管范式下的管制与规范；私有链与中心化组织无本质区别。

就全球区块链治理实践而言，治理对象主要为围绕相关区块链平台开展业务的两类群体：第一类是相关区块链平台以及平台商品和服务提供商，包括提供数字货币兑换、交易和传输的平台以及涉及数字货币支付的商品或服务提供商。第二类是相关区块链平台的使用者，包括数字货币交易者、数字货币衍生工具做市商、兑换者和数字货币收付者，对于消费领域相关参与者的数字货币使用则相对较松。

2. 区块链的多维治理需求

基于公共管理需要，建立区块链技术提供方的注册和备案制度延续了互联网治理的管理模式，通过行政备案可以在一定程度上起到规范区块链行业发展的作用，在区块链治理的早期是必不可少的。国家互联网信息办公室于2019年2月发布了《区块链信息服务管理规定》，依法组织开展相关备案审核工作，并在2020年公布了四批共1015个区块链信息服务名称及备案编号。区块链治理完全照搬互联网是行不通的，需要实现在技术、法律、政策协同等维度下的综合治理。

法律治理需求。区块链也被广泛地应用在电子商务等领域，其依据智能合约设定的标准高度自动化地运营，不受相关机构的约束。区块链由软件协议和基于代码的规则自动执行，并具有日益独立于中心化机构的倾向，各运营主体遵从“代码之治”，这与法律体系产生冲突并增大相关风险。这就要求运营区块链的企业必须按照法律规定，制定相适应的智能合约规则，同时针对区块链发展中新的技术特性，修改相应的法律规定，或出台相关新的法律法规。区块链作为新事物，带来了新的价值，原有的监管治理制度可能不再适用新事物的发展。这就要求改变、扩展现有的制度、法律、监管理念，而非一成不变地套用既有的法律和监管框架。

技术治理需求。互联网之所以能被管制，在于其数据结构并不是完全分布式，存在中心化的控制节点，这些节点的运营商通常位于特定实体空间，在特定国家管辖范围内运作，政府可通过监管运营商来施加影响。参照互联网治理模式对私有链和联盟链进行监管尚可，对公有链则是远远不够的。由于联盟链、私有链均受直接控制，其参与主体有限，必须经授权才能成为记账节点，透明度较差，而公有链上每个主体作为记账节点可自由进出，主体范围不确定，匿名性强，共识由每个节点验证完成，区块数据透明度高。此外，相比于中心化机构部署的代码，区块链代码运行更加刚性，修改难度更大。除分布式特点外，区块链的匿名性也增加了监管难度，在区块链价值传输中，基于隐私权保护的要求，更受关注的是交易的实际内容，而对交易参与者真实身份可能会缺乏关注。尽管当前一些数字货币交易平台和去中心化应用（DAPP）开启了客户身份认证，但通过他人身份信息进行注册和交易的行为仍层出不穷，这增加了监管的难度。

第二节 政策引导

区块链技术经过十多年的发展，所具有的去中心化、防篡改等优点使得它在进行数据追踪、防范市场风险等诸多方面有着广阔的应用前景。而与之相随的，是新技术新业务所带来的治理难度增大，如何引导区块链技术良性创新、理性发展，成为区块链治理的一道难题。可以预见，区块链将成为未来发展数字经济、构建新型信任体系不可或缺的基础技术之一，治理框架的建立将直接影响相关产业乃至整个数字经济体系的发展。全球主要国家纷纷聚焦区块链安全，以各大主流平台为研究对象，从技术到应用实施政策引导，制定各项规定，加强管理监督。

1. 技术特征对法律监管的影响

分布式共享记录导致相关监管责任主体分散。本质上，区块链是一个分布式的共享账本网络。在分布式网络结构中，没有中央存储数据库，网络中的节点可以通过多条路径来互相通信。按照区块链网络类型的不同，这一问题呈现出不同的形态。

第一，私有链的情况。虽然私有链系统仍具有多个节点，但其本质上是属于一个法律主体控制的。因此，在私有链的环境中，节点的设立与其成员的法律关系完全兼容于当前的社会法律架构。

第二，联盟链的情况。与私有链类似，联盟链的节点（成员）也是需要认证和许可的。但不同于私有链，联盟链通常是在不同的法律主体之间搭建的区块链网络，在一些特定的情况下，联盟链的网络是在不同国家、地区的主体间搭建的，这就会涉及现行法律对在不同国家设立的节点的适用性问题。另外，跨境的联盟链也涉及跨境数据和本地化问题。

第三，公有链的情况。由于公有区块链完全没有任何的节点准入限制，全球任何人都可接入，上述谈及的问题均可出现，并且，由于公有链几乎完全无责任主体，节点的监管难度大，法律属性及监管政策需全球多国协作共同推进。

智能合约自动强制执行未有明确法律规范。由于区块链上的智能合约可自动执行，并且其执行只依赖于智能合约中设置的条件，因此，智能合约可以自动执行一些通常与具有法律约束力的合约相关联的流程。在现代社会中，一旦发生合同违约，合约的执行和强制力最终诉诸司法机关，司法机关的执行和强制力必然伴随着高昂的司法与社会成本。而基于区块链的智能合约，因其“自动执行”和“中立”的特性极大地节约了整体的信任成本，使不同的主体在不互信和无中介的条件下协作，开启新形态的商业模式。相比于传统合约，智能合约并没有取代司法，它只是通过机器将“执行”的过程自动化、强制化地完成，减少缔约双方的监督成本。然而，基于区块链的合约在真正的商业实践中，仍旧面临着较大的法律障碍。

图 5-1　区块链上的智能合约

第一，关于智能合约的法律定义问题。目前，对基于区块链的由计算机程序编写的涉及多方权利义务的智能合约仍未有明确法律定义。换句话说，虽然智能合约在技术上是可用的，但其合约的法律“合法性”仍未明确规范，其中涉及的底层链技术要求和合约的标准等还未形成，如果出现像智能合约失效或出现程序性错误或被盗的情况，其中多方的法律责任亦难以判断。

第二，关于智能合约的隐私性问题。公有链的智能合约通常会将合约代码及所执行的交易都广播到整个网络，所有节点均会公开可见。基于对隐私问题的担忧，大量的商业场景中，智能合约难以取代传统法律合同。如果没有强有力的隐私保护机制，智能合约不适用于像对关键供应商付款、敏感交易等需高度保密的协议合约。

第三，智能合约“预言机”（Oraclemechanism）机制问题。所谓预言机，是区块链与外界沟通的渠道，即链下数据上链的机制。由于智能合约及区块链“一经部署，难以更改”的特性，智能合约的调用条件在部署时配置，而后续触发智能合约执行则需要其他的条件，如果智能合约的触发条件来自外部世界，如某地的气温、商品货物的流转情况等，则一定会涉及外部信息上链。通常情况下，外部信息的来源是第三方数据源，但区块链只能保证来自外部的数据无法篡改，无法保证真实准确。因此，外部信息的真实性就依赖于第三方的主体信用。因此，数据上链问题导致智能合约重新需要依赖上链人的“信用”。尽管目前出现了多种去第三方的预言机方案，如通过对信息进行投票，硬件传感器信息上链等，但仍没有一个普遍适用的方案存在。

第四，关于智能合约的适用性问题。智能合约依赖形式化的编程语言，适合创建刚性代码规则管理的、客观可预测的义务，而不适合记录模糊或开放性的条款，或在签订合约时没有准确边界或明确的权利义务。实际上，并非所有的商业合同都会精确界定商业关系，大量的开放性协议条款，在执行时往往会不断进行具体的修正以适应意外事件和关系变化。为了执行智能合约，各方需要精确界定履行的义务，而在一些商业活动中，由于义务无法提前预测，智能合约很难灵活地处理这些契约关系。

与此同时，区块链上链数据难以篡改的技术特征也带来隐私及内容监管困境。2018 年 5 月 25 日，欧盟《一般数据保护条例》（GDPR）正式生效，GDPR 不仅适用于位于欧盟内的组织，而且适用于欧盟之外的向欧盟数据主体提供商品或服务或监控其行为的组织。GDPR 的核心要求，如数据最小化、对国际转让的限制和个人的擦除权利（即“被遗忘的权利”）与区块链数据难以篡改、难以删除的特性相冲突。具体来说，可能的不适配及冲突体现在以下几个方面：

第一，数据保护责任主体。GDPR 下的责任主体主要有两个：数据控制主体（Datacontroller）和数据处理主体（Datapossessor）。数据控制主体为“决定数据处理目的和手段的自然人或法人”；数据处理主体是指“代表数据控制主体进行数据处理的自然人、法人、公权力机构、代理人或其他主体”。

然而，在分布式存储的场景下，数据并不是存储在中心化的数据库中，而是存储在系统的每一个节点上。数据主体将数据存储到区块中之后，系统随机选择的矿工将会把区块中的数据通过哈希算法编入链上，链上每个节点的账单都会对新增节点进行更新。

对联盟链及私有链来说，一般会设置一定的准入机制和中心化管理机制，也会有类似管理员的角色对其交易数据的存储进行干预，一般具有较为明确的控制主体和数据处理主体。但对于公有链来说，网络中的节点完全是平等的，节点对于信息的管理能力也是极为有限的，存在数据保护责任主体不明的问题。

第二，数据的访问、修正及删除权问题。根据欧盟《一般数据保护条例》第 15、16、17 条的规定，数据主体可以就与其相关的个人数据是否正在被处理、在何处被处理以及因什么目的被处理的问题从管理者处查询；数据主体有权要求数据控制主体对不准确的他 / 她的个人数据进行修正；数据主体有权让数据控制主体擦除他 / 她的个人数据，停止进一步传播数据，并有权要求第三方停止处理数据。

对于这三点要求来说，与数据保护主体的类似，在私有链、联盟链的可控环境中，上述问题较好解决。但是在公有链的环境中，无论是数据的修正、删除，还是发布数据的责任主体都难以确定。

类似地，对于公有链来说，由于任何人都可以在其数据库中写入数据，其信息内容的监管也成为问题。对此我国首先就区块链提供信息服务出台专门的管理规定。区块链特性使得链上数据难以被篡改，区块链可能成为传播危害公共安全、涉及恐怖主义和不良信息的载体。随着监管的发展，任何利用公有链技术进行与互联网内容传播有关的违法犯罪活动，一定会受到法律的追究。

此外，区块链激励机制的数字资产特性引发金融监管问题。数字资产的监管问题是由于公有链代码设计和运行中都包含相应的代币（或通证）设计，而这些代币的法律定义是什么、以何种方式去监管、其税收政策如何等是所涉及的主要问题。

第一，数字资产的性质问题。作为价值激励的载体，数字资产与公有链密不可分。但实际上数字资产又有若干类型，业界也有不同的划分标准。我国于 2013 年 12 月 5 日发布《关于防范比特币风险的通知》，否定了比特币的货币属性，各金融机构和支付机构不得开展与比特币相关的业务、加强对比特币互联网站的管理、防范比特币可能产生的洗钱风险、加强对社会公众货币知识的教育及投资风险提示。

第二，数字资产的规范问题。数字资产天然具有匿名跨境流动的特性，因此很容易被用于非法交易，其产业需要经账户审核、反恐怖主义融资及反洗钱等监管。

第三，数字资产的税收问题。美国国家税务局（IRS）对公有链社区参与方，特别是交易参与方的纳税义务一直十分关注，认定比特币和其他加密数字货币为财产而非货币，依照资本增值税法监管，并出台了相应规定。美国国家税务局曾经起诉美国最大的加密货币交易所之一的Coinbase，要求其提供客户的交易资料，作为征税的依据。公有链的税务监管需要适应加密货币和加密资产会计核算的国际通用会计准则的出台。

区块链的应用规模是与监管引导的规范程度息息相关的。区块链分布式共享账本带来了去中心化的自治体系，但也要注意避免滥用和违反法律。

2. 政策引导

各国政府一开始并没有对区块链技术及其应用进行积极监管，原因有二：一是区块链处于早期发展阶段，过度监管会阻碍技术创新；二是区块链相关应用如加密资产交易等尚不具规模，并未引发明显社会风险。然而，经过十年发展，区块链技术日益成熟，正被广泛应用于金融主战场之外的社会各个领域。基于此，联合国、IMF等国际性经济组织先后出台了一系列有关区块链的发展报告。许多国家和地区，诸如美国、日本、欧盟等纷纷将其发展计划上升为国家战略层面，努力探索区块链技术及其应用。许多世界知名的金融企业、互联网企业、IT企业等也纷纷投入大量资金进行研发，推出了自己的区块链产品。在整个世界市场大环境的推动下，作为参与经济全球化的一员，我国也逐步开始探索自己的区块链技术发展路径。从中央到各个地方，相继出台了许多涉及区块链发展的政策文件，一方面大力扶持新技术的发展，推动区块链在信息技术、金融科技等领域的创新和应用，促进区块链与大数据、云计算等其他高新技术的融合，另一方面积极构建区块链行业的监管体系，为行业发展保驾护航。

（1）国际政策

英国在2016年就将区块链技术制定入国家战略计划报告之中。报告建议英国政府加强与学术界、产业界的合作，加快区块链标准制定，正视发展区块链技术面临的来自技术本身以及应用部署方面的双重问题，以技术监管为核心，法律监管为辅助，双措并举打造区块链监管新模式。

美国对区块链技术的广泛运用一直保持谨慎的态度。在 2017 年军费开支法案制定中，授权了一项区块链安全性研究的课题，呼吁军内外专家共同“调查区块链技术和其他分布式技术的潜在攻击和防御网络应用”。在 2018 年颁布的《联合经济报告》中指出，区块链技术可以作为工具，打击网络犯罪同时保护国家经济和基础设施安全。除了政府部门，美国的各大企业也积极投入了区块链安全研究中，Linux 基金会，IBM 等企业都推出了各自的区块链产品和解决方案，目前有大量的调查表明，美国准备在基于区块链技术的硬件基础设施和安全服务上引领全球发展。

欧洲具有全球比特币及以太坊的大部分全节点，是区块链商用运用的密集区，具备最丰富的区块链经济发展经验，但是各国对区块链安全技术发展的态度不一。

（2）国内政策

近年来，我国在政策方面频频发力，在国家层面多次强调区块链技术应用价值，鼓励推动区块链技术发展和应用。2016 年 12 月发布的《“十三五”国家信息化规划》中，首次指出强化区块链等战略性前沿技术的基础研发和超前布局；2018 年 5 月，习近平总书记在两院院士大会上明确提出要加强“以人工智能、量子信息、移动通信、物联网、区块链为代表的新一代信息技术加速突破应用”。2019 年 10 月 24 日，中共中央政治局就区块链技术发展现状和趋势进行第十八次集体学习，核心主旨是：把区块链作为核心技术自主创新重要突破口，加快推动区块链技术和产业创新发展。2020 年 5 月，教育部正式印发《高等学校区块链技术创新行动计划》，该计划提出到 2025 年，在高校布局建设一批区块链技术创新基地，培养汇聚一批区块链技术攻关团队，推动若干高校成为我国区块链技术创新的重要阵地，一大批高校区块链技术成果为产业发展提供动能。2020 年 7 月，人社部联合国家市场监管总局、国家统计局发布 9 个新职业，其中有 2 个区块链新职业：区块链工程技术人员和区块链应用操作员，区块链一时成为职业新风口。同时，国内首个区块链人才库——“区块链产业人才入库工程”启动人才基地计划，让区块链人才培养真正出圈、下沉落地，推动人才培养规模化发展。

从我国近年来的政策导向也可看出，区块链技术在我国的发展呈“燎原之势”，不仅区块链行业本身正在如火如荼地进行建设，区块链技术也逐渐进入金融、物流、制造业等诸多行业领域，加速行业的发展与变革，逐渐涉及消费者、投资人、政府、国家等多方利益，也迎来了许多风险与挑战。为了切实防范新技术带来的风险，促进整个行业健康平稳发展，必然要建立相应的监管体系。目前，国家陆续出台了许多监管政策（地方政策以扶持为主），严格把控风险监管。

2019 年 1 月，国家网信办发布《区块链信息服务管理规定》，明确了区块链信息服务提供者的信息安全管理责任，规范和促进区块链技术及相关服务健康发展，规避区块链信息服务安全风险，为区块链信息服务的提供、使用、管理等提供有效的法律依据。3 月，网信办又发布了《关于发布第一批境内区块链信息服务备案编号的公告》，要求区块链信息服务提供者应当在其对外提供服务的互联网站应用程序等显著位置标明其备案编号。国家互联网信息办公室依法依规组织开展备案审核工作。通过备案，使得区块链运营主体责任更加明确，行业监管更加完善，减少利用区块链进行违法犯罪的可能。

区块链技术发展至今，各国政府对区块链技术的认知也越来越全面。一方面，区块链是具有强大潜力的社会协作工具，能够促进社会各个领域协调创新。另一方面也带来了治理管控的挑战。科技是在不断发展的，对区块链技术的理解应常变常新，需要足够的灵活性才能快速适应变化的技术环境，设计出更适合区块链发展的治理方案。

第三节　技术支撑

1. 区块链的技术安全风险

在区块链技术安全方面，大多处于试用阶段，目前发生的安全事件较多，给用户造成了较大的经济损失。其中，既有互联网领域中存在的漏洞（如 SQL 注入、拒绝服务等），也包括区块链领域中的风险（如底层代码、共识机制、智能合约等技术安全漏洞）。目前主要有以下几点安全风险：

（1）协议安全风险

区块链的协议安全风险主要包括分叉和算力攻击等风险。分叉是指原本一条区块链拆分成两条或多条区块链。分叉产生的原因是区块链中的节点运行了不同版本的底层协议，导致共识机制的不一致性，即有些区块，部分节点认为是合乎规则的，同意接入区块链，而有些节点认为是不符合规则的，拒绝承认。分叉可能会影响整个区块链系统的一致性，违背区块链的防篡改性，使区块链不再值得信任。区块链的部分共识机制（如 PoW）决定了拥有大量算力的攻击者有可能对整个网络形成全面控制。如果这种情况出现，多数人的合法权益将无法得到保障，对整个区块链系统将造成毁灭性的打击。基于 PoW 共识过程的区块链主要面临的是 51% 攻击问题，即节点通过掌握全网超过 51% 的算力，就具有篡改和伪造区块链数据的能力。

（2）数据安全风险

区块链系统内各节点并非完全匿名，而是通过类似电子邮件地址的地址标识来实现数据传输。虽然地址标识并未直接与真实世界的人物身份相关联，但区块链数据是完全公开透明的，随着各类反匿名身份甄别技术和大数据技术的发展，通过数据整合分析可能实现部分重点目标的定位和识别；另外，在区块链公有链中，每一个参与者都能够获得完整的数据备份，所有交易数据都是公开和透明的，如果私人信息等容易被获取，可能会出现诈骗，最重要的是它可能违反隐私和数据保护法规；对于带有访问控制模块的区块链系统，区块链上数据访问控制机制的设计缺陷、实现的漏洞等，都可能导致链上数据被未授权实体获得。

（3）应用安全风险

区块链机制中使用了密码技术，密码技术中密钥的存储、传输等安全风险在区块链中同样存在。另外，传统中心化的信息系统如果账户密钥丢失，可以通过账户系统重新绑定一个新的私钥即可，区块链中私钥由每个用户自己生成和保管，没有第三方的参与，没有私钥补发与管理机制，所以私钥一旦丢失即无法找回，用户便无法对账户的资产做任何操作，私钥被盗将直接导致资产被盗。

（4）系统安全风险

区块链技术中大量应用了各种密码学技术，属于算法高度密集工程，在实现过程中出现错误是很难避免的。另外，区块链技术未采用硬件加密措施，允许节点在区块中附加自定义信息，且区块链中历史信息不可更改。若自定义信息中包含病毒或木马，将会自动传播到全网进行恶意攻击。而区块链软件多数与资产、货币交易相关，一旦出现漏洞，可能会导致财产损失的严重风险。

2. 安全技术引入

以太坊支持图灵完备的智能合约协议为用户的资产在区块链网络中流通提供了极大的助力，整个生态有许多人基于以太坊开发自己的Dapp，生态得到了蓬勃发展。近年来，机器学习迅速发展，而其中的深度学习更是独领风骚，已经在视觉计算和自然语言处理等方向取得了显著的成绩，解决了众多场景下难题，目前已有相关团队借力深度学习技术，借助安全专家已经审计的大量合约做标签数据，研发了一套专门适用于智能合约代码审计的引擎，经过数据测试，其审计能力比肩人工审计，但是效率远超过人工。区块链自身技术的不断发展，以及安全技术的引入结合，不断提升区块链抵御安全风险的能力。

（1）加密算法自主化

目前已知的几种区块链平台内的密码算法，如签名算法和哈希算法，都是国外的技术。非对称加密算法也有未知的后门，所以我们必须替换成国密算法。

（2）开源社区的发展

国内具代表性的开源社区是由中国区块链技术和产业发展论坛于2017年12月发起的分布式应用账本（DAppLedger）开源社区。该社区以中国区块链技术和产业发展论坛成员自主开发的底层平台为基础，逐步建立多平台运营模式，在应用集成过程中探索最优架构，能有效提高效率并使交易可并发，可提供快速链部署、中间件、审计浏览、系统监控等支撑工具或产品，为国内区块链应用发展提供支持。

（3）监管节点引入

企业与政务职能部门可以在区块链系统内部治理中引入监管节点进行链内监管，完善区块链内部治理体系。围绕许可和用户访问原则进行设计，设置区块链访问控制层，确保只有经过身份认证的特定参与者才能进行特定操作，保证技术上的监管治理权限。

第四节　标准化助力

工业和信息化部中国电子技术标准化研究院区块链研究室主任李鸣指出：数字经济的核心要素是数据，区块链等新一代信息技术是加工数据的工具，主要任务是最大化数据价值，形成基于数据的服务模式，标准化是区块链技术发展的基石，区块链技术目前正向平台化、组件化、集成化的标准化演进。

目前，国内外标准化组织、联盟协会、研究机构等都在积极研究区块链标准化的相关工作，组织开展标准预研、标准制定等一系列工作，助力区块链治理。区块链相关标准按照应用对象的不同可分为四大类：密码算法和电子签名标准、框架技术标准、行业应用标准和测评认证标准。

1. 标准制定的重要性

目前，全球的区块链技术和产业虽然发展迅速，但总体发展仍处于探索阶段。由于区块链领域普遍存在认识定义不统一、关键技术掌握不成熟、技术方向发展不明确、应用价值难以体现等问题，区块链在产业化的过程困难重重。这种困境催生了对区块链标准化需求，区块链标准化在区块链技术发展、应用项目落地和产业普及等方面发挥着至关重要的作用。

2. 推进区块链标准化

我国在法律法规以及行业规定等方面加强了对区块链的监管力度，以规范行业秩序发展。

（1）密码算法和电子签名标准体系相对完备

目前已经建立较为完善的国产密码算法体系，SM2 椭圆密码算法、SM3 哈希密码算法、SM9 标识密码算法和祖冲之密码算法都可为区块链技术提供核心支持，数字签名标准也将更加完善。

（2）底层框架技术标准研制积极开展

目前我国正在着手建立区块链国家标准，以从顶层设计推动区块链标准体系建设。区块链国家标准将包括基础标准、业务和应用标准、过程和方法标准、可信和互操作标准、信息安全标准等方面，进一步扩大区块链标准的适用性。

（3）应用标准研究稳步发展

区块链应用标准主要分为两大类，一类是进行区块链应用开发需遵循接口标准和数据规范。如密码应用服务标准、底层框架应用编程接口标准、分布式数据库要求、虚拟机与容器要求、智能合约安全要求、BaaS 平台应用服务接口标准和规范等。另一类是针对具体应用场景制定的区块链应用标准或规范，这一类标准规范近年来不断更新，各研究机构也在积极探索区块链应用标准。

（4）测评认证标准研究初见成果

随着区块链应用的不断增多，区块链测评认证工作开始得到更多重视。测评认证标准的意义在于能够对区块链产品的质量和企业服务能力进行量化，促进企业产品质量和服务体系的改进，保证区块链的性能和安全性，为用户提供参考依据。按照测评对象的不同主要有两大类，一类是针对系统密码模块安全的测评标准，该部分标准较为通用。另一类是区块链底层平台测试标准，区块链系统作为新兴技术，在公布前需要进行测评，因而需要官方机构制定专业标准和详细的测试体系。

第六章 区块链的未来

区块链技术是当今世界备受关注的技术之一，我国更是将区块链技术视作中国核心技术自主创新的突破口，给予区块链技术发展以宏观层面上的支持引导，推动了区块链技术与应用场景的发展。正如互联网的本质是连接，通过连接，构建了高度互联的世界，区块链的本质是建立数字化信任，在数字化信任体系中，数据隐私会得到保护，数据资产会得到确权，数据共享会得到激励，数据计算会得以开放，数据治理会得以有序，从而助推高度协作的世界，实现信息互联网向价值互联网的升级。

图 6-1　区块链的未来

区块链是新型的价值交换方式、分布式协同生产机制以及新型的算法经济模式的基础，既是对企业生产关系的变革，也是对社会治理方式的变革。在助力数字社会治理过程中，通过信息化有机整体的协调，提升应用价值和空间，有效消除数据壁垒，实现政务、金融、医疗行业和企业不同领域和主体之间数据的有序流动，进一步推动信息资源共享，激发市场活力和社会发展。未来的社会体系需要信任、透明、高效、安全的技术支撑，离不开区块链技术，企业之间各产业链无缝对接需要区块链，政府部门为了增强公信力也需要区块链。

第一节　性能提升，技术演进

区块链目前的技术特点决定了其扩展性相对于传统互联网是仍然不够的，因为区块链网络里的每一笔数据要在链上达成共识需要多方确认，耗时耗力，而通过改进共识机制提高效率则会带来安全性和偏中心化的问题。目前，区块链技术还远未定型，在未来一段时间还将持续演进，共识算法、服务分片、处理方式、组织形式等技术环节上都有提升效率的空间。借助侧链、子链、分层、分片、分区等区块链发展技术，可以提升区块链的计算性能，提高易用性、可操作性、扩展性。

1. 扩容，扩大区块容量实现扩容

提高区块链系统交易容量的有效方法之一就是区块扩容。但是，区块的容量大小会影响到全网账本同步时间的长短。以目前比特币系统中单个区块的产生周期为例。新产生的区块在网络中广播完成，需要至少半分钟的时间，意味着各个验证节点收到该新区块的实际顺序是有先后的。

这样的设计在区块容量有限的情况下并没有暴露出潜在的问题。这是因为：其一，接收到新区块的验证节点先后顺序是随机的；其二，不同区块之间产生的时间间隔是10分钟，半分钟的延迟可以被整个网络接受。假设为了系统扩容，将比特币的区块产生间隔改成半分钟，这等同于全网同步所需要的时间。一旦系统将各区块的产生间隔设定为半分钟，对拥有高算力的验证节点而言就占据了极大的主导优势。高算力验证节点可以通过自私挖矿或分叉攻击，威胁到全网的安全性。

通常意义上的自私挖矿或分叉攻击，是指区块链系统网络中，当

某个验证节点验证完一个新区块后不对全网广播，而是继续其验证步骤，直到本地验证出的链比网络里的所有链都长时一举对全网广播，从而用仅仅由本地验证过的链去替换原本应该由全网验证的链。从本质上讲，这时比特币系统的安全模型将会面临崩塌。

同理，假如把区块大小扩大 10 倍，则全网同步传输所需的时间也会相应增加。当传输速度和区块产生速度相比不可忽略时，比特币的安全性就会大打折扣。在现有的比特币网络中，如果人为设定系统产生区块的间隔为 10 分钟，那么单个区块容量将不能超过 4MB。相对于当前 1MB 的区块容量而言，交易速度仅能提高 4 倍，即 28 TPS。这样的速度提升是非常有限的。当然网络速度和硬件计算能力也在随着时间不断提升，对安全的影响随之降低，总的来说这是一种存在争议的发展趋势。

2. 分片，将节点分布到各子群中实现提速

通常情况下，区块链网络的处理速度在很大程度上依赖单一节点的处理速度。但是，随着越来越多的验证节点加入区块链网络，系统速度及性能并非简单地得以提升，此时的系统反而会面临由于节点之间点对点通信路径的成倍增加而导致网络拥堵的问题。

例如，采用 BFT 共识协议的区块链网络，如果节点超过了 16 个，速度将会变得十分缓慢。分片协议正是为了应对该问题而提出的一种解决方案。其核心思想是将网络中的所有节点分成若干个子群体，这些子群体通过预定义的方法执行原来所有节点都要处理的工作，从而达到提高系统处理能力的目的。

分片协议规定，为了维持系统的容错性，分片的节点数不能低于一定数量。例如，考虑到对于拜占庭容错算法，50 个与 500 个节点数在验证过程中并无太多的区别，那么系统可以将区块链网络的最低节点数设定在 50。在系统采用了分片技术的前提下，区块链网络中参与的节点越多，表明系统可以分出的片越多；而分出的片越多，表明区块链网络同时处理智能合约的数量就越多。那么，采用了分片技术的区块链系统的速度将得到显著提高。

3. 侧链，用“链上链”实现扩容

为了突破单链容量的制约，可以通过侧链技术提高数据吞吐量，降低数据延迟。侧链是从主链衍生出来的子链，主链上的数据可以通过特定的协议传输到侧链上。主链加侧链可以大幅提高数据处理量，

实现区块链扩容。

例如，某商家只支持以太坊进行消费，而用户 A 手里只有比特币，如果他想在这个商家买东西，他就必须先到交易所里将比特币换成以太坊，然后才能支付，这个过程比较麻烦。但如果以太坊是比特币的侧链，这一切就很简单了，A 只需要燃烧掉主链上的部分比特币，然后在侧链以太坊上生成相应数量的 Token，这样就完成了主链资产向侧链的转移。

4. 多链，一链连接所有链

多链技术就是通过一条支持与多种其他区块链互通的公链来实现区块链世界的连接。比如说，以太坊和 EOS 都是独立公链，相互之间没有双向绑定协议，但两者都与比特币进行了双向绑定。以太坊的用户 A 想要转账给 EOS 的用户 B，过去 A 需要通过交易所兑换成 EOS，然后转账给 B。通过多链技术，这一切可以经由比特币来完成。A 将以太坊的资产转移到自己在比特币的账户里，然后把相应的比特币资产转移到 B 的比特币账户，这些资产随后再被转移到 B 的 EOS 账户。

在多链技术里，支持多链互通的公链成了连接众多区块链的中继器，为此这条公链要解决大量的技术问题，包括不同共识机制之间互通的问题。对于其他的区块链来说，只需要开发与这一条公链的双向互通的协议，就可以利用这条公链与其他区块链项目进行连接，大幅度降低了开发成本，提高了单链的运行效率。

第二节　技术融合，取长补短

中国工程院院士陈纯在浙江大学区块链研究集体采访会上说：“如果说人工智能、大数据将促进生产力，那么区块链则能解决生产关系，改变现有的部分‘游戏规则’，在数字经济发展中起到非常重要的作用。”科技促进生产力的发展，生产力三要素也随着变化，在现代，大数据、物联网是生产资料，AI、云计算是生产工具，区块链通过改变传统的生产协作关系，促使创新更加的多样化、快速化、即时化、大众化。减少对劳动者的约束，从而降低创新成本，解放劳动者的生产力，使生产关系更适应未来的人工智能时代，进一步创造共享经济。

未来，区块链与 5G、大数据、物联网、人工智能、云计算等多种技术的融合应用将进一步突破性创新，多种技术组合将密不可分，结合多技术的优势弥补单一技术性能上的不足已成为必然趋势。物联网的正常运行是通过大数据传输信息给云计算平台处理，物联网的传感与数据采集也是大数据的重要来源。云计算与边缘计算提炼大数据的价值，将计算与存储分离，精简上传区块链的数据量。借助 5G 高速率、大宽带和低时延三大特征提升区块链数据同步和共识算法的效率，使区块链功能最大化提升，极大地扩展区块链的应用范围。区块链的加密算法满足人工智能对数据可信的需求，打通人工智能算力和区块链算力的边界，通过智能合约和人工智能技术的结合，实现自动化事件的触发。区块链为整个体系提供去中心化的系统架构，为数据价值确权，为数据可信提供支撑，促使数据实现真正的价值流通，在各行各业塑造出更新更多的商业模式，推动一系列相关应用场景的落地。

如果从 2020 年 7 月蚂蚁链发布会上提出“数字新基建四阶图”的划分方式来描述未来多重技术的融合，那么区块链是第一层构建信任的基础设施，5G、物联网、人工智能、云计算、边缘计算、大数据等则属于第二层信息基础设施，在此基础之上我们才能构建第三层、第四层的融合基础设施和创新基础设施。

形象地描述大数据就像血液一样是整个体系中的养料来源，物联网的终端、云计算、边缘计算是主要的造血功能，5G 是我们新型血管提供快速血液送达能力，如果说云计算是中枢大脑，那么人工智能是我们的思维能力，而区块链支持起体系安全运转的骨骼系统，当然这并不是全部，还有非常多的其他技术在体系中起到肌肉、皮肤、四肢以及五官的作用，如图 6–2 所示。

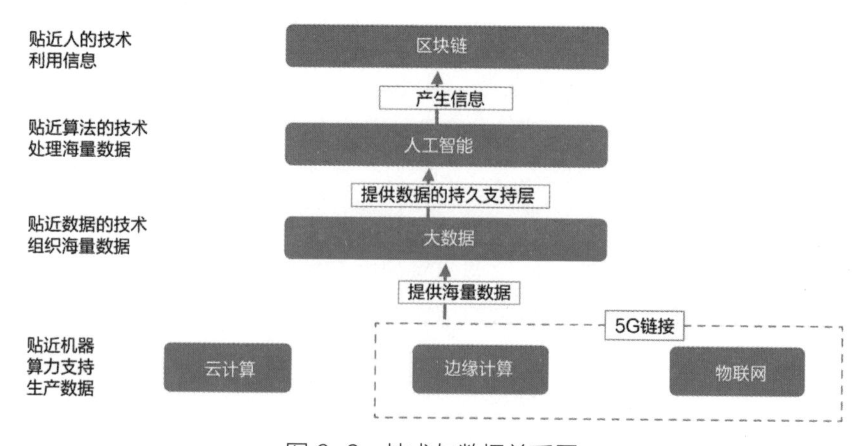

图 6–2　技术与数据关系图

第三节 跨链协同，互联互通

目前区块链行业处于“野蛮”生长阶段，各家企业为了获取行业话语权，极力搭建以自己为主导的联盟链，吸纳企业加入自己的联盟链中。然而，各个联盟链的底层协议不同，标准也不同，如果不能将各个联盟链平台打通，区块链的应用价值会大大降低。随着区块链技术不断发展，支付结算、物流追溯、身份验证等领域各种企业级区块链平台也应运而生，这些区块链底层架构类型不一，难以进行直接数据的交换。

随着公证人机制、中继链、哈希时间锁定等跨链技术的成熟，如果能打通这些链，让链与链之间产生连接和数据交换，让加密货币之间灵活兑换，不但将大幅提高这些区块链的运行效率，还能方便人们在链上进行交易和协作。因此，区块链跨链的需求在持续上涨。未来，这些众多的区块链系统间的跨链协作与互通是一个必然趋势，跨链技术可以打通区块链之间的壁垒，实现不同区块链社区之间的互通，跨链技术是区块链实现价值互联网的关键，联盟链的互联互通将成为越来越重要的议题。企业将依托于各个联盟链形成既独立又彼此相关联的联盟链生态，为相互不通的联盟链“链岛”架上沟通交流的桥梁，通过将企业的数据设定不同的权限，让可信数据在不同的联盟链中流通交换，跨链技术实现不同区块链之间，甚至区块链和传统 IT 系统之间的价值流转,从而扩大信息共享的范围深度和利用率,促进信息分享。

第四节 重塑场景，引导变革

目前，区块链技术持续创新，区块链产业初步形成，开始在供应链金融、征信、产品溯源、版权交易、数字身份、电子证据等领域快速应用。随着区块链技术的发展和应用的大规模落地，越来越多的行业和领域参与到区块链变革中。区块链将推动我国经济体系实现技术变革、组织变革和效率变革，在加速我国数字化进程的同时也将推动我国的经济高质量地发展，为构建现代化经济体系做出重要贡献。

区块链技术能够有效解决现实环境下多层次经济社会问题，通过可信数据的高效流通，组织整合资源禀赋，遵循管理规律推进多种商业场景的发展。在未来，区块链应用将加快落地，使区块链底层技术、应用服务与传统实体经济产业深度融合，通过“+ 区块链”创造商业新模式，形成一批“产业区块链”项目，为实体经济实现整体提质增效，助推传统产业高质量规范发展，加快产业转型升级，为发展数字经济、助力经济社会发展等方面做出更大贡献。

第五节　普及信任，价值流通

信任是经济交易和社会合作的基础，是社会秩序的基础。区块链基于数字化代码构建一种名为数字化信任的新型系统信任机制，促进人们进行数字化经济交易和数字化社会合作，借助分布式账本的技术特性以及智能合约的自动执行为数字化信任引入了强制性机制，从而保证信任关系的维系。通过 P2P 对等网络建立了数字化社会合作空间，通过非对称加密算法等建立了数字化交易签名转发机制，通过共识算法等建立了数字化的规则共识和通用证明机制，从而在数字世界构建起一个数字化信任机器，促进数字货币、数字资产、数字金融、数字经济交易和数字社会治理。

未来，具备共识算法和智能合约的区块链技术将被广泛地应用于解决现实环境下信息中的信任问题，为各个行业的数据赋予信任、信用和安全的特性，简化交互过程、降低交互成本，加速商业模式的转型升级，将带有智能合约技术的新生态系统整合到在现有的行业中，从根本上提升社会交互效率。

图 6-3　区块链未来将被广泛应用

附录 术语汇编

区块链 / Blockchain

区块链技术是指通过去中心化和去信任的方式集体维护一个可靠数据库的技术方案。

块链式数据结构 / Chained-Block Data Structure

一段时间内发生的事务处理以区块为单位进行存储，并以密码学算法将区块按时间先后顺序连接成链条的一种数据结构。

去信任 / Trustless

去信任表示用户不需要相信任何第三方。用户使用去信任的系统或技术处理交易时非常安全和顺畅，交易双方都可以安全地交易，而不需要依赖信任的第三方。

点对点 / Peer-to-Peer / P2P

通过允许单个节点与其他节点直接交互，无需通过中介机构，从而实现整个系统像有组织的集体一样运作的系统。

去中心化 / Decentralized

去中心化是区块链最基本的特征，指区块链不依赖于中心的管理节点，能够实现数据的分布式记录、存储和更新。

匿名性 / Anonymous

由于区块链各节点之间的数据交换遵循固定且预知的算法，因此区块链网络是无需信任的，可以基于地址而非个人身份进行数据交换，保证个人身份不公开。

自治性 / Autonomous

区块链采用基于协商一致的机制，使整个系统中的所有节点能在去信任的环境中自由安全地交换数据、记录数据、更新数据，任何人为的干预都不起作用。

开放性 / Openness

区块链系统是开放的，任何节点都能够拥有全网的总账本，除了直接相关各方的私有数据通过非对称加密技术被加密外，区块链的数据对所有节点公开，因此整个系统信息高度透明。

可编程 / Programmable

分布式账本的数字性质意味着区块链交易可以关联到计算逻辑，并且本质上是可编程的。因此，用户可以设置自动触发节点之间交易的算法和规则。

可追溯 / Traceability

区块链通过区块数据结构存储了创世区块后的所有历史数据，区块链上的任一一条数据皆可通过链式结构追溯其本源。

不可篡改 / Tamper Proof

区块链的信息通过共识并添加至区块链后，就被所有节点共同记录，并通过密码学保证前后互相关联，篡改的难度与成本非常高。

集体维护 / Collectively Maintain

区块链系统是由其中所有具有维护功能的节点共同维护，所有节点都可以通过公开的接口查询区块链数据和开发相关应用。

无需许可 / Permissionless

无需许可表示所有节点都可以请求将任何交易添加到区块链中，但只有在所有用户都认为合法的情况下才可进行交易。

公有链 / Public Blockchain

公有链的任何节点都是向任何人开放的，每个人都可以参与到这个区块链的计算中，而且任何人都可以下载获得完整区块链数据，即全部账本。

联盟链 / Consortium Blockchain

联盟链是指参与每个节点的权限都完全对等，各节点在不需要完全互信的情况下就可以实现数据的可信交换，联盟链的各个节点通常有与之对应的实体机构组织，通过授权后才能加入或退出网络。联盟链是一种公司与公司、组织与组织之间达成联盟的模式。

私有链 / Private Blockchain

在某些区块链的应用场景下，开发者并不希望任何人都可以参与这个系统，因此建立一种不对外公开、只有被许可的节点才可以参与并且查看所有数据的私有区块链，私有链一般适用于特定机构的内部数据管理与审计。

主链 / 主网 / Main net

通常区块链，尤其是公有链都有主网和测试网。主网是区块链社区公认的可信区块链网络，其交易信息被全体成员所认可。有效的区块在经过区块链网络的共识后会被追加到主网的区块账本中。

测试链 / 测试网 / Testnet

测试链是与主网对应，其具有相同功能，但主要目的用于测试的区块链。由于测试链是为了在不破坏主链的情况下尝试新想法而建立的，只作为测试用途，因此测试链上的测试币不具备交易价值。比特币的测试链已经经历多次重置，以阻止将其测试币用作交易、投机用途的行为。

侧链 / Side Chain

侧链是主链外的另一个区块链，锚定主链中的某一个节点，通过主链上的计算力来维护侧链的真实性，实现公共区块链上价值与其他账簿上价值在多个区块链间的转移。最具代表性的实现有Blockstreamo，这种主链和侧链协同的区块链架构中的主链有时也被称为母链（Parent Chain）。

互联链 / Interconnected Chain

针对特定领域的应用可能会形成各自垂直领域的区块链，互联链就是一种通过跨链技术连接不同区块链的基础设施：包括数据结构和通信协议，其本身通常也是区块链。各种不同的区块链通过互联链互联互通并形成更大的区块链生态。与互联网一样，互联链的建立将形成区块链的全球网络。

数据层 / Data Layer

数据层主要描述区块链的物理形式，是区块链上从创世区块起始的链式结构，包含了区块链的区块数据、链式结构以及区块上的随机数、时间戳、公私钥数据等，是整个区块链技术中最底层的数据结构。

网络层 / Network Layer

网络层主要通过 P2P 技术实现分布式网络的机制，网络层包括 P2P 组网机制、数据传播机制和数据验证机制，因此区块链本质上是一个 P2P 的网络，具备自动组网的机制，节点之间通过维护一个共同的区块链结构来保持通信。

共识层 / Consensus Layer

共识层主要包含共识算法以及共识机制，能让高度分散的节点在去中心化的区块链网络中高效地针对区块数据的有效性达成共识，是区块链的核心技术之一，也是区块链社群的治理机制。目前至少有数十种共识机制算法，包含工作量证明、权益证明、权益授权证明、燃烧证明、重要性证明等。

数据层、网络层、共识层是构建区块链技术的必要元素，缺少任何一层都不能称之为真正意义上的区块链技术。

激励层 / Actuator Layer

激励层主要包括经济激励的发行制度和分配制度，其功能是提供一定的激励措施，鼓励节点参与区块链中安全验证工作，并将经济因素纳入区块链技术体系中，激励遵守规则参与记账的节点，并惩罚不遵守规则的节点。

合约层 / Contract Layer

合约层主要包括各种脚本、代码、算法机制及智能合约，是区块链可编程的基础。将代码嵌入区块链或是令牌中，实现可以自定义的智能合约，并在达到某个确定的约束条件的情况下，无需经由第三方就能够自动执行，是区块链去信任的基础。

应用层 / Application Layer

区块链的应用层封装了各种应用场景和案例，类似于电脑操作系统上的应用程序、互联网浏览器上的门户网站、搜寻引擎、电子商城或是手机端上的 APP，将区块链技术应用部署在如以太坊、EOS、QTUM 上并在现实生活场景中落地。未来的可编程金融和可编程社会也将会搭建在应用层上。

激励层、合约层和应用层不是每个区块链应用的必要因素，一些区块链应用并不完整包含此三层结构。

区块 / Block

区块是在区块链网络上承载交易数据的数据包，是一种被标记上时间戳和之前一个区块的哈希值的数据结构，区块经过网络的共识机制验证并确认区块中的交易。

父块 / Parent Block

父块是指区块的前一个区块，区块链通过在区块头记录区块以及父块的哈希值在时间上进行排序。

区块头 / Block Header

记录当前区块的元信息，包含当前版本号、上一区块的哈希值、时间戳、随机数、MerkleRoot 的哈希值等数据。此外，区块体的数据记录通过 MerkleTree 的哈希过程生成唯一的 MerkleRoot，已记录于区块头。

区块体 / Block Body

记录一定时间内所生成的详细数据，包括当前区块经过验证的、区块创建过程中生成的所有交易记录或是其他信息，可以理解为账本的一种表现形式。

哈希值 / 散列值 / Hash Values / Hash Codes / Hash Sums / Hashes

哈希值通常用一个短的随机字母和数字组成的字符串来代表，是一组任意长度的输入信息通过哈希算法得到的“数据指纹”。因为计算机在底层机器码是采用二进制的模式，因此通过哈希算法得到的任意长度的二进制值映射为较短的固定长度的二进制值，即哈希值。此外，哈希值是一段数据唯一且极其紧凑的数值表示形式，如果通过哈希一段明文得到的哈希值，哪怕只更改该段明文中的任意一个字母，随后得到的哈希值都将不同。

时间戳 / Timestamp

时间戳从区块生成的那一刻起就存在于区块之中，是用于标识交易时间的字符序列，具备唯一性，时间戳用以记录并表明存在的、完整的、可验证的数据，是每一次交易记录的认证。

链 / Chain

链是由区块按照发生的时间顺序，通过区块的哈希值串联而成，是区块交易记录及状态变化的日志记录。

链下 / Off-Chain

区块链系统从功能角度讲，是一个价值交换网络，链下是指不存储于区块链上的数据。

无代币区块链 / Token-Less Blockchain

区块链并不通过代币进行价值交换，一般出现在不需要在节点之间转移价值并且仅在不同的已被信任方之间共享数据的情况下，如私有链。

创世区块 / Genesis Block

区块链中的第一个区块被称为“创世”区块。创世区块一般用于初始化，不带有交易信息。

区块高度 / Block Height

一个区块的高度是指在区块链中它和创世区块之间的块数。

分叉 / Fork

在区块链中，由矿工挖出区块并将其链接到主链上，一般来讲同一时间内只产生一个区块，如果发生同一时间内有两个区块同时被生成的情况，就会在全网中出现两个长度相同、区块里的交易信息相同，但矿工签名不同或者交易排序不同的区块链，这样的情况叫作分叉。

密码学 / Cryptography

密码学是数学和计算机科学的分支，同时其原理大量涉及信息论。密码学不只关注信息保密问题，还同时涉及信息完整性验证（消息验证码）、信息发布的不可抵赖性（数字签名），以及在分布式计算中来源于内部和外部的所有攻击而产生的信息安全问题。

加密 / Cipher

加密是一系列使信息不可读的过程，它能使信息加密也能使信息加密后能够再次可读，在加密货币中使用的密码也使用由字母和数字组成的密钥，该密钥必须用于解密密码。

加密算法 / Encryption Algorithm

加密算法是一个函数，也可以视为一把钥匙，通过使用一个加密钥匙，将原来的明文文件或数据转化成一串不可读的密文代码。加密流程是不可逆的，只有持有对应的解密钥匙才能将该加密信息解密成可阅读的明文。加密使得私密数据可以在低风险的情况下，通过公共网络进行传输，并保护数据不被第三方窃取、阅读。

非对称加密 / Asymmetric Cryptography

非对称加密是一种保证区块链安全的基础技术。该技术含有两个密钥：公钥和私钥。首先，系统按照某种密钥生成算法，将输入经过计算得出的私钥，然后，采用另一个算法根据私钥生成公钥，公钥的生成过程不可逆。由于在现有的计算能力条件下难以通过公钥来穷举出私钥（即计算上不可行），因此可以认为是数据是安全的，从而能够保证区块链的数据安全。

同态加密 / Homomorphic Encryption

同态加密是一种特殊的加密方法，允许对密文根据特定的代数运算方式进行处理后得到仍然是加密的结果，其解密所得到的结果与对明文进行同样运算的结果是一样的。即“对密文直接进行处理”与“对明文进行处理后并加密”其结果是一样的，这项技术可以在加密的数据中进行诸如检索、比较等操作而无需对数据先进行解密，从根本上解决将数据委托给第三方时的保密问题。

公钥加密 / Asymmetric Cryptography / Public Key Cryptography

公钥加密是一种特殊的加密手段，具有在同一时间生成两个密钥的处理（私钥和公钥）特点，每一个私钥都有一个相对应的公钥，从公钥不能推算出私钥，并且被用其中一个密钥加密了的数据，可以被另外一个相对应的密钥解密。这套系统使得节点可以先在网络中广播一个公钥给所有节点，然后所有节点就可以发送加密后的信息给该节点，而不需要预先交换密钥。

钥匙 / Key

钥匙是一串秘密字母和数字使隐藏的、不可读的信息成为可读的。

密钥 / Secret Key

密钥是用于加密或解密信息的一段参数，在非对称加密系统中，是通过利用公钥（账户）与私钥（密码）的配合而实现的。

公钥 / Public Key

公钥与私钥是通过一种算法得到的一个密钥对，公钥是密钥对中公开的部分，私钥则是非公开的部分，公钥通常用于加密会话密钥、验证数字签名，或加密可以用相应的私钥解密的数据。

私钥 / Private Key

公钥与私钥是通过一种算法得到的一个密钥对，公钥是密钥对中公开的部分，私钥则是非公开的部分，私钥是指与一个地址（地址是与私钥相对应的公钥的哈希值）相关联的一把密钥，是只有你自己才知道的一串字符，可用来操作账户里的加密货币。

零知识证明 / Zero-Knowledge Proof

证明者和验证者之间进行交互，证明者能够在不向验证者提供任何有用的信息的情况下，使验证者相信某个论断是正确的。

计算上不可行 / Computationally Infeasible

密码算法依赖的原理是当前计算不可行的数学问题，而“计算不可行”是一个在时间及空间上相对而言的概念，计算上不可行即表示一个程序是可处理的，但是需要一个长得不切实际的时间（如几十亿年）来处理的步骤。通常认为2的80次方个计算步骤是计算上不可行的下限。

暴力破解法 / Brute Force Attack / BFA

暴力破解法又名穷举法，是一种密码分析的方法，通过逐个推算猜测每一个可能解锁安全系统的密钥来获取信息的方法。

分布式存储 / Distributed Data Store / DDS

传统的分布式存储本质上是一个中心化的系统，是将数据分散存储在多台独立的设备上，采用可扩展的系统结构、利用多台存储服务器分担存储负荷、利用位置服务器定位存储信息。而基于 P2P 网络的分布式存储是区块链的核心技术，是将数据存储于区块上并通过开放节点的存储空间建立的一种分布式数据库，解决传统分布式存储的问题。

P2P 存储 / Peer-to-Peer Storage / P2P Storage

P2P 存储是一种不存在中心化控制机制的存储技术。P2P 存储通过开放节点的存储空间，以提高网络的运作效率，解决传统分布式存储的服务器瓶颈、带宽而带来的访问不便等问题。

分布式 / Distributed

分布式通过区块链的 P2P 技术实现，分布式是描述一个计算机系统具有在多台计算机上同时运行和维护的完整副本，没有任何人或组织来控制这个系统。

账本 / Ledger

账本是指包括区块链的数据结构、所有的交易信息和当前状态的数字记录。

分布式账本 / Distributed ledger Technology / DLT

分布式账本是指一种在网络成员之间共享、复制和同步的数据库，分布式账本在区块链中是一个通过共识机制建立的数字记录，区块链网络中的参与者可以获得一个唯一、真实账本的副本，因此难以对分布式账本进行篡改。更改记录的方式非常困难，技术非常安全。

节点 / Node

节点是区块链分布式系统中的网络节点，是通过网络连接的服务器、计算机、电话等，针对不同性质的区块链。成为节点的方式也会有所不同，以比特币为例，参与交易或挖矿即构成一个节点。

全节点 / 完整节点 / Full Node

全节点是拥有完整区块链账本的节点，全节点需要占用内存同步所有的区块链数据，能够独立校验区块链上的所有交易并实时更新数据，主要负责区块链的交易的广播和验证。

共识机制 / Consensus

由于点对点网络下存在较高的网络延迟，各个节点所观察到的事务先后顺序不可能完全一致。因此区块链系统需要设计一种机制，其能对在差不多时间内发生的事务的先后顺序进行共识，这种对一个时间窗口内的事务的先后顺序达成共识的算法被称为“共识机制”。

工作量证明 / Proof of Work / PoW

工作量证明的简单理解就是一份证明，用来确认节点做过一定量的工作。监测工作的整个过程通常是极为低效的，而通过对工作的结果进行认证来证明完成了相应的工作量，则是一种非常高效的方式。比特币在区块的生成过程中使用了 PoW 机制，要得到合理的随机数求解数学难题需要经过大量尝试计算，通过查看记录和验证区块链信息的证明，就能知道是否完成了指定难度系数的工作量。

权益证明 / Proof of Stake / PoS

PoS 也称权益证明机制，类似于把资产存在银行里，银行会通过你持有数字资产的数量和时间给你分配相应的收益。采用 PoS 机制的加密货币资产，系统会根据节点的持币数量和时间的乘积（币天数）给节点分配相应的权益。

权益授权证明 / Delegated Proof of Stake / DPoS

DPoS 是一种类似董事会的授权共识机制，该机制让每一个持币人对整个系统的节点进行投票，决定哪些节点可以被信任并代理他们进行验证和记账，同时生成少量的对应奖励。DPoS 大幅提高区块链的处理能力并降低区块链的维护成本，从而使交易速度接近于中心化的结算系统。

分布式共识 / Distributed Consensus

所有的节点必须定期更新彼此之间的不断复制的状况，通过专门的槽位来识别每一个更新。当所有节点更新了它们的分类账并放映的值相同时，就可达成共识，会将协商一致的声明具体化并发布至它们的分类账副本去。

验证池机制 /POOL

验证池机制是基于传统的分布式一致性技术和数据验证机制的结合，它使得在成熟的分布式一致性算法（Pasox、Raft）基础上，不需要代币也能实现秒级共识验证。

51% 攻击 / 51% attack

51% 攻击，是指利用比特币以算力作为竞争条件的特点，凭借算力优势篡改或者撤销自己的付款交易。如果有人掌握了 50% 以上的算力，他能够比其他人更快地找到开采区块需要的那个随机数，因此他能够比其他人更快地创建区块。

双重支付 / 双重花费 / 双花 / Double Spending

双重支付是一个故意的分叉，是指具有大量计算能力的节点发送一个交易请求并购买资产，在收到资产后又做出另外一个交易将相同量的币发给自己。攻击者通过创造一个分叉区块，将原始交易及伪造交易放在该区块上并基于该分叉上开始挖矿。如果攻击者有超过 50% 的计算能力，双重花费最终可以在保证在任何区块深度上成功；如果低于 50% 则有部分可能性成功。

拜占庭将军问题 / Byzantine Generals Problem / BGP

拜占庭将军问题是指“在存在消息丢失的不可靠信道上试图通过消息传递的方式达到一致性是不可能的”。因此在系统中存在除了消息延迟或不可送达的故障以外的错误，包括消息被篡改、节点不按照协议进行处理等，将会潜在地会对系统造成针对性的破坏。

改进型实用拜占庭容错 / Practical Byzantine Fault Tolerance / PBFT

PBET 共识机制是少数服从多数，根据信息在分布式网络中节点间互相交换后各节点列出所有得到的信息，一个节点代表一票，选择大多数的结果作为解决办法。PBET 将容错量控制在全部节点数的 1/3，即只要有超过 2/3 的正常节点，整个系统便可正常运作。

授权拜占庭容错算法 / Delegated Byzantine Fault Tolerance / DBFT

DBFT 是基于持有权益比例来选出专门的记账人（记账节点），然后记账人之间通过拜占庭容错算法（即少数服从多数的投票机制）来达成共识，决定动态参与节点。DBFT 可以容忍任何类型的错误，且专门的多个记账人使得每一个区块都有最终性、不会分叉。

联邦拜占庭协议 / Federated Byzantine Agreement / FBA

联邦拜占庭协议的主要特性是去中心化和任意行为容错，通过分布式的方法，达到法定人数或者节点足够的群体能达成共识，每一个节点不需要依赖相同的参与者就能决定信任的对象来完成共识。

致谢

完成本书的编写，首先感谢参与编写策划的伙伴们，感谢他们在编写过程中给予的大力支持和帮助。

戚湧，南京理工大学教授、博士生导师，区块链联合实验室主任，华盛顿大学（西雅图）访问学者，入选科学中国人（2017）年度人物、江苏省“333高层次人才培养工程”中青年领军人才、江苏省知识产权领军人才、江苏省高校优秀科技创新团队带头人，荣获江苏省“六大人才高峰”高层次人才项目资助，江苏省“十佳”双创导师，中国软科学研究会常务理事，中国技术经济学会理事，中国自动化学会区块链专业委员会委员，江苏省人才学会区块链专业委员会副主任、江苏省互联网协会可信区块链工作委员会专家、南京区块链产业应用协会顾问，南京市经济社会发展咨询委员会委员。长期从事区块链、大数据领域学术研究，主持国家重点研发计划政府间国际科技创新合作重点专项、国家自然科学基金项目等国家和省部级项目60余项，在科学出版社、清华大学出版社等出版专著7部，发表学术论文150余篇；荣获中国产学研合作创新成果奖、工业和信息化部优秀成果一等奖、教育部科技进步二等奖等国家和省部级优秀成果奖励20余项，申请区块链技术领域PCT专利多项，授权发明专利30余件，软件著作权10余项，制订技术标准10余项。在本书中，戚湧教授（和他的学生秦银、王锐）负责第一、二、三章内容的编写。

丁晓蔚，南京大学普惠三农金融科技创新研究中心负责人。打造基于区块链可信大数据人工智能的下一代金融经济社会基础设施、体系架构和计算范式，推动区块链、人工智能、大数据等前沿科技融合在金融创新和实体经济中的应用，推动人类社会进步。有了区块链可信大数据、可信人工智能，人类社会会变得更加美好！在本书中，丁晓蔚教授（和他的学生杨晶晶、林思雅、秦伟、楚晓岩、高吟雪等人）参与了科技金融、政策引导等几方面内容的编写。

颜嘉麒，南京大学信息管理学院众享科技区块链实验室主任。中国计算机协会区块链专委会、协同计算专委会专家委员。（本科毕业于中国科学技术大学，获得管理学学士学位与经济法学双学士学位。博士毕业于香港城市大学商学院，获得资讯系统博士学位，同年获得中国科学技术大学管理科学与工程博士学位。香港城市大学资讯系统系博士后；瑞士苏黎世大学信息系高级研究学者；加拿大多伦多大学信息学院访问学者。）主持多个区块链相关的国家自然科学基金项目与教育部人文社科基金项目，并在ACM TMIS，IEEE SMC，FGCS等国际知名期刊和会议上发表了五十几篇相关的高水平学术论文。在本书中，颜嘉麒教授（和他的研究生李劭楠）对他在2016年知名SSCI期刊（Financial Innovation）发表的一篇关于区块链与智慧城市的高被引文章进行了翻译、更新和扩展。

曹林明、胡祺，作为BCCN区块链社群联盟代表，以区块链爱好者的身份参与了本书的编写，在区块链技术融合之路这一章整理了比较多的内容，并负责初稿的收集整理工作。BCCN近三年来一直在通过活动、公众号（BCCN区块链社群联盟）等途径宣传科普区块链知识，为区块链生态的发展贡献自己的力量。

周俊，中国电信创新创业基地江苏基地副总经理，江苏省双创优秀导师（江苏首批），2013年策划和组建"江苏互联网创新联盟"，为创业者提供产品指导、孵化、早期投资等服务，服务初创项目数百项，被科技部火炬中心评为"国家级孵化人才"；区块链资深讲师，多次为江苏、浙江的干部、企业家培训区块链知识；参与每年度《江苏省区块链产业发展报告》的编撰工作。本书多个章节有文字贡献并参与了全书的修订。

李正豪，英国林肯大学硕士，江苏省互联网协会区块链研究员，江苏可信区块链专委会副秘书长，参与《江苏省区块链产业发展报告（2020）》《江苏可信区块链（电子月刊）》《区块链普及读本》《区块链》等的编撰工作，多次参加江苏省相关部门领导调研区块链企业活动，撰写调研报告。参与本书架构设计、部分章节编写和全书审校工作。

于朝阳，南开大学计算机学院在读博士生。编写的过程通过对材料的反复梳理和思考，对区块链的研究有了更加深刻的理解。

李子源，国防科技大学在读研究生，研究方向为云计算与大数据安全，隐私保护技术，区块链等，具备一定的区块链开发经验。主要负责编写第五章中应用安全、政策引导及技术支撑部分。

吴子怡，南京审计大学"链审"大创项目负责人。谈及区块链，其深知业内无论是德高望重的前辈，还是新进的探索者，都隐隐约约怀揣着对社会的一份真诚的期望，希望这里多一些不用质疑的信任和无需戒备的分享。

艾黎清，江苏苏清律师事务所主任律师，法学硕士，南京财经大学兼职教授。2020年五月以江苏苏清律师事务所名义发布了《全国区块链法律纠纷分析报告》，作为一名法律实务工作者，能够参与区块链发展及应用方面的法律研究，对其来说也是一个全新的体验。在研究过程中，通过案例分析和对法律法规的梳理，对区块链的法律边界有了更深层次的认识。

由于编写时间仓促，虽然参与编写的专家教授们、同学们、企业家们提供了很多非常棒的素材，但是汇总编辑之人水平有限，书中有不妥或错误之处，请批评指正。

1. 曲强，林益民．区块链 + 人工智能：下一个改变世界的经济新模式 [M]. 人民邮电出版社，2019·

2. 华为区块链技术开发团队．区块链技术及应用 [M]. 清华大学出版社，2019.

3. 蒋勇，文延，嘉文．白话区块链 [M]. 机械工业出版社，2017.

4. 方军．区块链超入门 [M]. 机械工业出版社，2019.

5. Danezis, George ; Diaz,Claudia（January 2008）" Survey of Anonymous Communication Channels ". Technical Report MSRTR-2008-35. Microsoft Research; For the paper, see Chaum, David（1981）." Untraceable Electronic Mail, Return Addresses, and Digital Pseudonyms ". Communications of the ACM 24（2）: 84 - 90.doi:10.1145/358549.358563.

6. A partial hash collision based postage scheme[OL]. http://www.hashcash.org/papers/announce.txt .

7. S. Haber, W.S. Stornetta, " Secure names for bit-strings, " In Proceedings of the 4th ACM Conference on Computer and Communications Security,pages 28-35, April 1997. on Computer and Communications Security,pages 28-35, April 1997.

8. 人民币 3.0 中国央行数字货币：运行框架与技术解析 [R]. 零壹财经，零壹智库，数字资产研究院，2019.

9. 刘睿智，赵守，张铎．区块链技术对物流供应链的重塑 [J]. 中国储运，2019.

10. 中国区块链技术和应用发展研究报告（2018）[R]. 中国区块链技术和产业发展论坛，2018.

11. 孟庆国．"区块链 + 政务"驱动数字政府未来 [EB/OL]. 学习强国平台．2019.

12. 颜嘉麒.Blockchain-based sharing services:What blockchain technology can contribute to smart cities[J].Financial Innovation, 2016.

13. 张晞，姚平，李蕊，宋沫飞，王玥，陈宜琳，王小刚．苏宁区块链白皮书（2018-07）[R]. 苏宁金融研究院 ,2018.

14. 谢林明 . 区块链与物联网打造智慧社会和数字化世界 [M]. 中国工信出版集团 , 人民邮电出版社 ,2020.

15. 井底望天 , 武源文 , 赵国栋 , 刘文献 . 区块链与大数据打造智能经济 [M]. 中国工信出版集团 , 人民邮电出版社 ,2017.

16. 刘权 . 区块链与人工智能构建智能化数据经济世界 [M]. 中国工信出版集团 , 人民邮电出版社 , 2019.

17. 李开复 , 杨向阳 , 徐扬生 , 牛文文 , 沈劲 . 人工智能时代的教育革命 [M]. 北京联合出版公司 , 2017.

18. Woods J. Blockchain: Rebalancing & Amplifying the Power of AI and Machine Learning （ML）[J]. Medium, 2018.

19. Mylrea M, Gourisetti S N G. Blockchain for smart grid resilience: Exchanging distributed energy at speed, scale and security[C]//2017 Resilience Week （RWS）. IEEE, 2017: 18–23.

20. Nassar M, Salah K, ur Rehman M H, et al. Blockchain for explainable and trustworthy artificial intelligence[J]. Wiley Interdisciplinary Reviews: Data Mining and Knowledge Discovery, 2020, 10（1）: e1340.

21. Goertzel B, Giacomelli S, Hanson D, et al. SingularityNET: A decentralized, open market and inter–network for AIs[J]. Thoughts, Theories & Studies on Artificial Intelligence （AI）. Research, 2017.

22. Meng W, Tischhauser E W, Wang Q, et al. When intrusion detection meets blockchain technology: a review[J]. Ieee Access, 2018, 6: 10179–10188.

23. Tang H, Jiao Y, Huang B, et al. Learning to classify blockchain peers according to their behavior sequences[J]. IEEE Access, 2018, 6: 71208–71215.

24. Ermilov D, Panov M, Yanovich Y. Automatic bitcoin address clustering[C]//2017 16th IEEE International Conference on Machine Learning and Applications （ICMLA）. IEEE, 2017: 461–466.

25. Firdaus A, Anuar N B, Ab Razak M F, et al. Root exploit detection and features optimization: mobile device and blockchain based medical data management[J]. Journal of medical systems, 2018, 42（6）: 112.

26. Bogner A. Seeing is understanding: anomaly detection in blockchains with visualized features[C]//Proceedings of the 2017 ACM International Joint Conference on Pervasive and Ubiquitous Computing and Proceedings of the 2017 ACM International Symposium on Wearable Computers. 2017: 5–8.

27. Luong N C, Xiong Z, Wang P, et al. Optimal auction for edge computing resource management in mobile blockchain networks: A deep learning approach[C]//2018 IEEE International Conference on Communications （ICC）. IEEE, 2018: 1–6.

28. Chawathe S. Monitoring blockchains with self-organizing maps[C]//2018 17th IEEE International Conference On Trust, Security And Privacy In Computing And Communications/12th IEEE International Conference On Big Data Science And Engineering （TrustCom/BigDataSE）. IEEE, 2018: 1870-1875.

29. Hudaya A, Amin M, Ahmad N M, et al. Integrating distributed pattern recognition technique for event monitoring within the iot-blockchain network[C]//2018 International Conference on Intelligent and Advanced System （ICIAS）. IEEE, 2018: 1-6.

30. Mamoshina P, Ojomoko L, Yanovich Y, et al. Converging blockchain and next-generation artificial intelligence technologies to decentralize and accelerate biomedical research and healthcare[J]. Oncotarget, 2018, 9（5）: 5665.

31. Zheng X, Mukkamala R R, Vatrapu R, et al. Blockchain-based personal health data sharing system using cloud storage[C]//2018 IEEE 20th International Conference on e-Health Networking, Applications and Services （Healthcom）. IEEE, 2018: 1-6.

32. Juneja A, Marefat M. Leveraging blockchain for retraining deep learning architecture in patient-specific arrhythmia classification[C]//2018 IEEE EMBS International Conference on Biomedical & Health Informatics （BHI）. IEEE, 2018: 393-397.

33. Zhao Y, Yu Y, Li Y, et al. Machine learning based privacy-preserving fair data trading in big data market[J]. Information Sciences, 2019, 478: 449-460.

34. Chung K, Yoo H, Choe D, et al. Blockchain network based topic mining process for cognitive manufacturing[J]. Wireless Personal Communications, 2019, 105（2）: 583-597.

35. An J, Liang D, Gui X, et al. Crowdsensing quality control and grading evaluation based on a two-consensus blockchain[J]. IEEE Internet of Things Journal, 2018, 6（3）: 4711-4718.

36. An J, Liang D, Gui X, et al. Crowdsensing quality control and grading evaluation based on a two-consensus blockchain[J]. IEEE Internet of Things Journal, 2018, 6（3）: 4711-4718.

37. 陈晓宇 . 云计算那些事儿从 Lass 到 Pass 进阶 [M]. 中国工信出版集团，电子工业出版社，2020.

38. A look at the huge amount of energy consumed by data centers [OL]. http://www.digitaljournal.com/tech-and-science/technology/a-look-at-the-huge-amount-of-energy-consumed-by-data-centers/article/564520 ,2020

39. Sverdlik Y. Here's How Much Energy All US Data Centers Consume [EB/OL]. [2016-12-03] https://www.datacenterknowledge.com/archives/2016/06/27/heres-how-much-energy-all-us-data-centers-consume

40. 施巍松，刘芳，孙辉，裴庆祺 . 边缘计算 [M]. 科学出版社，2018.

41. Peng G. CDN: Content distribution network[R]. Technical Report TR-125 of Experimental Computer System Lab in Stony Brook University, SUNY Stony Brook, 2003.

42. Wikibon’s 2017 Public Cloud Forecast [OL].https://wikibon.com/wikibons-2017-public-cloud-forecast/，2017

43. 网站 [OL].https://golem.network/

44. 网站 [OL].https://icosbull.com/eng/ico/dadi/whitepaper

45. edge4industry 网站 [OL].https://www.edge4industry.eu/

46. 陈晓华，吴家富 . 5G 新动能数字经济时代好的加速器 [M]. 中国工信出版集团，人民邮电出版社，2020.

47. “5G+ 区块链”融合发展与应用白皮书 [R]. 中国联通研究院，中兴通讯股份有限公司，2019.